水产养殖业绿色发展技术丛书

鲤鱼
绿色高效养殖
技术与实例

农业农村部渔业渔政管理局 组编
董在杰 主编

LIYU
LÜSE GAOXIAO YANGZHI
JISHU YU SHILI

中国农业出版社
北 京

图书在版编目（CIP）数据

鲤鱼绿色高效养殖技术与实例 / 农业农村部渔业渔政管理局组编；董在杰主编．—北京：中国农业出版社，2022．11

（水产养殖业绿色发展技术丛书）

ISBN 978－7－109－29311－3

Ⅰ．①鲤…　Ⅱ．①农…　②董…　Ⅲ．①鲤－淡水养殖－无污染技术　Ⅳ．①S965．116

中国版本图书馆CIP数据核字（2022）第057825号

中国农业出版社出版

地址：北京市朝阳区麦子店街18号楼

邮编：100125

责任编辑：王金环

版式设计：王　晨

印刷：北京通州皇家印刷厂

版次：2022年11月第1版

印次：2022年11月北京第1次印刷

发行：新华书店北京发行所

开本：880mm×1230mm　1/32

印张：6．25　　插页：4

字数：175千字

定价：58．00元

丛书编委会

本书编写人员

主　编：董在杰

副主编：朱文彬　韩　枫

参　编：（按姓氏笔画排序）

石连玉　冯建新　朱文彬　李池陶　李炯棠

杨治国　张志斌　傅建军

丛书序 PREFACE

2019年，经国务院批准，农业农村部等10部委联合印发了《关于加快推进水产养殖业绿色发展的若干意见》(以下简称《意见》)，围绕加强科学布局、转变养殖方式、改善养殖环境、强化生产监管、拓宽发展空间、加强政策支持及落实保障措施等方面作出全面部署，对水产养殖业转型升级具有重大意义。

随着人们生活水平的提高，目前我国渔业的主要矛盾已经转化为人民对优质水产品和优美水域生态环境的需求，与水产品供给结构性矛盾突出与渔业对资源环境的过度利用之间的矛盾。在这种形势背景下，树立“大粮食观”，贯彻落实《意见》，坚持质量优先、市场导向、创新驱动、以法治渔四大原则，走绿色发展道路，是我国迈进水产养殖强国之列的必然选择。

“绿水青山就是金山银山”，向绿色发展前进，要靠技术转型与升级。为贯彻落实《意见》，推行生态健康绿色养殖，尤其针对养殖规模大、覆盖面广、产量产值高、综合效益好、市场前景广阔的水产养殖品种，率先开展绿色养殖技术推广，使水产养殖绿色发展理念深入人心，农业农村部渔业渔政管理局与中国农业出版社共同组织策划，组建了由院士领衔的高水平编委会，依托国家现代农业产业技术体系、全国水产技术推广总站、中国水产学会等组织和单位，遴选重要的水产养殖品种，邀请产业上下游的高校、科研院所、推广机构以及企业的相关专家和技术人员编写了这套“水产养殖业绿色发展技术丛书”，宣传推广绿色养殖技术与模式，以促进渔业转型升级，保障重要水产品有效供给和促进渔民持续增收。

这套丛书基本涵盖了当前国家水产养殖主导品种和主推技术，围绕《意见》精神，着重介绍养殖品种相关的节能减排、集约高效、立体生态、种养结合、盐碱水域资源开发利用、深远海养殖等绿色养殖技术。丛书具有四大特色：

突出实用技术，倡导绿色理念。丛书的撰写以“技术＋模式＋案例”为主线，技术嵌入模式，模式改良技术，颠覆传统粗放、简陋的养殖方式，介绍实用易学、可操作性强、低碳环保的养殖技术，倡导水产养殖绿色发展理念。

图文并茂，融合多媒体出版。在内容表现形式和手法上全面创新，在语言通俗易懂、深入浅出的基础上，通过“插视”和“插图”立体、直观地展示关键技术和环节，将丰富的图片、文档、视频、音频等融合到书中，读者可通过手机扫二维码观看视频，轻松学技术、长知识。

品种齐全，适用面广。丛书遴选的养殖品种养殖规模大、覆盖范围广，涵盖国家主推的海、淡水主要养殖品种，涉及稻渔综合种养、盐碱地渔农综合利用、池塘工程化养殖、工厂化循环水养殖、鱼菜共生、尾水处理、深远海网箱养殖、集装箱养鱼等多种国家主推的绿色模式和技术，适用面广。

以案说法，产销兼顾。丛书不但介绍了绿色养殖实用技术，还通过案例总结全国各地先进的管理和营销经验，为养殖者通过绿色养殖和科学经营实现致富增收提供参考借鉴。

本套丛书在编写上注重理念与技术结合、模式与案例并举，力求从理念到行动、从基础到应用、从技术原理到实施案例、从方法手段到实施效果，以深入浅出、通俗易懂、图文并茂的方式系统展开介绍，使“绿色发展”理念深入人心、成为共识。丛书不仅可以作为一线渔民养殖指导手册，还可作为渔技员、水产技术员等培训用书。

希望这套丛书的出版能够为我国水产养殖业的绿色发展作出积极贡献！

农业农村部渔业渔政管理局局长：

2021年11月

前　言 PREFACE

党的十八大以来，国家高度重视生态环境问题，提出了新发展理念，把生态文明建设摆在了全局工作的重要位置，坚持节约资源和保护环境的基本国策。2019 年 1 月，农业农村部、生态环境部、自然资源部等 10 部委联合印发了《关于加快推进水产养殖业绿色发展的若干意见》，推行水产养殖业的生态健康绿色养殖。

在此形势下，我们编写了《鲤鱼绿色高效养殖技术与实例》这本书，旨在向广大鲤鱼养殖者宣传绿色生态养殖理念及其实际操作案例。本书第一章介绍了我国鲤鱼丰富的种质资源、悠久的养殖历史、深厚的文化底蕴以及广阔的市场前景，由中国水产科学研究院淡水渔业研究中心董在杰、全国水产技术推广总站韩枫、中国水产科学研究院李炯棠和无锡市中医医院张志斌编写；第二章介绍了我国主要的鲤鱼新品种及其生物学特性，特别是适合绿色养殖的性状特点，由中国水产科学研究院黑龙江水产研究所李池陶、石连玉和中国水产科学研究院淡水渔业研究中心董在杰编写；第三章根据品种实际特点，梳理了各养殖阶段鲤鱼绿色高效和生态健康养殖方法、技术或模式等，由河南省水产科学研究院冯建新和信阳农林学院杨治国编写；第四章归纳总结了当前鲤鱼绿色高效和生态健康养殖的一些实际案例，对比分析了养殖效益，由中国水产科学研究院淡水渔业研究中心朱文彬、董在杰和傅建军编写。全书由董在杰统稿。

本书在编写过程中得到国家大宗淡水鱼产业技术体系和河南省大宗淡水鱼产业技术体系的大力支持。上海海洋大学王成辉、华中农业大学李大鹏、福建省周宁县旅游协会张龙金、武夷山市水产技术推广站杨晓燕、天津市换新水产良种场高永平、宁夏回族自治区水产研究所（有限公司）田永华和张广月等为本书提供了部分照片，在此一并致谢！

由于编者水平有限，书中难免有一些不妥之处，敬请批评指正！

董在杰

2020年3月

目 录 CONTENTS

第一章 鲤鱼养殖概况

鲤（*Cyprinus carpio* L.）在分类学上属于脊索动物门（Chordata）、硬骨鱼纲（Osteichthyes）、鲤形目（Cypriniformes）、鲤科（Cyprinidae）、鲤亚科（Cyprininae）、鲤属（*Cyprinus*）。生境分布很广，是一种世界性鱼类。鲤鱼适应性很强，在自然水域中多栖息于江河、湖泊、水库、池沼的松软底层和水草丛生处，主要以螺、蚌、昆虫的幼虫及水草和丝状藻类为食。

第一节 鲤鱼的种质资源及养殖历史

一、鲤鱼的种质资源状况

鲤鱼是我国种类多、分布广且受人们欢迎的重要淡水经济鱼类，在黑龙江、黄河、长江、珠江、闽江等诸多流域的江河湖泊中均有分布，经人工和自然选择后呈现许多形态和遗传变异。我国野生和养殖的鲤鱼品种有30多种，重要的地方品种有黄河鲤、黑龙江鲤（黑龙江野鲤）、荷包红鲤、兴国红鲤和瓯江彩鲤等。

黄河鲤（彩图1）是我国黄河流域长期自然形成的特有的重要淡水经济鱼类，黄河鲤肉嫩鲜美、营养丰富，同淞江鲈鱼、兴凯湖白鱼、松花江鳜鱼并称为“中国四大淡水名鱼”。产自黄河干流及其重要支流河段的鲤鱼，鳞片金黄闪光，尾鳍尖部鲜红，以“金鳞赤尾”为特点，包括宁夏黄河鲤、陕西黄河鲤、河南黄河鲤、山东黄河鲤、山西天桥黄河鲤等黄河干流的“五大名鲤”。2007 年 12 月，黄河郑州段黄河鲤国家级水产种质资源保护区通过审核，成为首批公布的 40 处国家级水产种质资源保护区之一。黄河郑州段黄河鲤国家级水产种质资源保护区主要保护对象为黄河鲤，设立了两个核心区（花园口核心区和伊洛河核心区）和东西两部分试验区。2012年 5 月 2 日，农业部正式批准对“郑州黄河鲤鱼”实施农产品地理标志登记保护。郑州黄河鲤鱼的地理标志保护的区域范围为东经 112°49′～114°14′、北纬 34°44′～34°58′（张超峰等，2016）。

与黄河鲤属于同一亚种不同地理种群的黑龙江鲤（彩图 2）分布于黑龙江水系不同水域，包括镜泊湖、达赉湖、兴凯湖、嫩江、松花江等江河湖泊；耐寒，能在冰下 1～3℃的水体中安全度过140～150 天冰封期。它适应性强、生长速度快、个体大，是我国北方地区池塘养殖的重要品种之一，又是优良的杂交亲本，是极有价值的鱼类基因库和种质资源库（赵原野等，2014）。

兴国红鲤（彩图 3）产于江西省兴国县，与婺源县的荷包红鲤和万安县的玻璃红鲤一起并称“江西三红”。兴国红鲤通体红艳，素有“金狮红鲤鱼”的美称，是一种具有较高观赏价值的品种。兴国红鲤农产品地理标志地域保护范围为江西省兴国县行政区划范围内的所有水域范围，包括江河、溪流、沟渠、水库、池塘、水田等，即兴国县所辖的潋江、长冈、鼎龙、城岗、枫边、良村、崇贤、方太、高兴、茶园、均村、永丰、隆坪、埠头、龙口、社富、杰村、江背、东村、兴莲、樟木、古龙岗、梅窖、兴江、南坑 25 个乡镇所属范围的全部水域。地理坐标为东经 115°01′～115°51′、北纬 26°03′～26°41′。国家为保护地方特产，特将兴国红鲤列为非出口鱼种。

荷包红鲤（彩图 4）是江西省婺源县及其附近地区的一个优良养殖品种，在婺源县已有 300 多年的养殖历史。荷包红鲤还是重要的杂交亲本，杂交亲和力强，容易与其他鲤鱼杂交，杂交后代大多具有明显的杂种优势。荷元鲤（荷包红鲤♀×元江鲤♂）、岳鲤（荷包红鲤♀×湘江野鲤♂）、三杂交鲤［（荷包红鲤♀×元江鲤♂）♀×散鳞镜鲤♂］和建鲤（彩图5）等均以荷包红鲤为母本。将荷包红鲤的卵核移植到鲫鱼的去核卵中培育出了鲤鲫移核鱼，颖鲤父本就是鲤鲫移核鱼，用荷包红鲤与黑龙江野鲤杂交培育出了荷包红鲤抗寒品系（彩图6），大大提高了荷包红鲤在严寒地区露天越冬的成活率。荷包红鲤对我国水产养殖业发展起到了很大的促进作用（楼允东，2001）。

荷包红鲤在民间有着一些古老传说，影响较大的有两种说法。一种是赐鱼之说，相传在明朝的万历年间，婺源县有个名为余懋学的人在南京担任户部右侍郎一职，因巡守有功，深得神宗喜爱，神宗便将自己喜欢的养在御花园池内的罕见红鲤鱼赐给余懋学数尾。余懋学告老还乡后，在家乡雇工凿了一口大石缸，将钦赐的红鲤鱼精心饲养起来以供欣赏。慢慢地，红鲤鱼开始入乡随俗，繁衍生息，落户在婺源，余懋学就将其赠送亲朋，红鲤鱼于是受到世人追捧，渐渐流传开了。另一种说法与赐鱼之说大相径庭，是贡鱼之说，余懋学为表家乡“物华天宝”，将家乡特有的红鲤鱼贡奉给皇帝。神宗爱鱼，视红鲤鱼为稀罕之物，对其喜爱有加，特大兴土木，在御花园建金鱼池以便放养观赏。荷包红鲤因此一贡成名，跃身贵族鱼行列（刘英喜等，1997）。

鲤鱼地理分布广泛，种质资源丰富，加上养殖历史悠久，经过长期的人工和自然选择，已经培育出许多养殖品种。自1996年首次进行水产原、良种审定以来，截至2019年底，共有229个水产品种（包括鱼类、虾蟹、贝类、棘皮类、藻类、两栖类和爬行类等）获得新品种证书，其中鲤鱼养殖品种共有29个（表1-1），包括选育种18个、杂交种8个和引进种3个。

表 1-1　获得水产新品种证书的鲤鱼品种

序号	品种名称	品种登记号	亲本来源	育种单位
1	兴国红鲤（彩图 3）	GS-01-001-1996	野生兴国红鲤	兴国县红鲤鱼繁殖场
2	荷包红鲤（彩图 4）	GS-01-002-1996	野生荷包红鲤	婺源县荷包红鲤研究所
3	建鲤（彩图 5）	GS-01-004-1996	荷包红鲤（♀）×元江鲤（♂）	中国水产科学研究院淡水渔业研究中心
4	荷包红鲤抗寒品系（彩图6）	GS-01-006-1996	黑龙江野鲤（♀）×荷包红鲤（♂）	中国水产科学研究院黑龙江水产研究所
5	德国镜鲤选育系	GS-01-007-1996	德国镜鲤	中国水产科学研究院黑龙江水产研究所
6	颖鲤	GS-02-003-1996	散鳞镜鲤（♀）×鲤鲫移核鱼（♂）	中国水产科学研究院长江水产研究所
7	丰鲤	GS-02-004-1996	兴国红鲤（♀）×散鳞镜鲤（♂）	中国科学院水生生物研究所
8	荷元鲤	GS-02-005-1996	荷包红鲤（♀）×元江鲤（♂）	中国水产科学研究院长江水产研究所
9	岳鲤	GS-02-006-1996	荷包红鲤（♀）×湘江野鲤（♂）	湖南师范学院生物系
10	三杂交鲤	GS-02-007-1996	荷元鲤（♀）×散鳞镜鲤（♂）	中国水产科学研究院长江水产研究所
11	芙蓉鲤	GS-02-008-1996	散鳞镜鲤（♀）×兴国红鲤（♂）	湖南省水产研究所
12	德国镜鲤	GS-03-009-1996	1984 年从德国引进	中国水产科学研究院黑龙江水产研究所
13	散鳞镜鲤	GS-03-010-1996	1958 年从苏联引进	中国水产科学研究院黑龙江水产研究所
14	松浦鲤	GS-01-002-1997	黑龙江野鲤、荷包红鲤、德国镜鲤、散鳞镜鲤	中国水产科学研究院黑龙江水产研究所
15	万安玻璃红鲤	GS-01-002-2000	野生玻璃红鲤	江西省万安玻璃红鲤良种场

（续）

序号	品种名称	品种登记号	亲本来源	育种单位
16	湘云鲤	GS-02-001-2001	鲫鲤杂交四倍体鱼（♀）×丰鲤（♂）	湖南师范大学
17	松荷鲤（彩图 7）	GS-01-002-2003	黑龙江鲤、荷包红鲤、散鳞镜鲤	中国水产科学研究院黑龙江水产研究所
18	墨龙鲤（彩图 8）	GS-01-004-2003	锦鲤	天津市换新水产良种场
19	豫选黄河鲤（彩图 9）	GS-01-001-2004	野生黄河鲤	河南省水产科学研究院
20	乌克兰鳞鲤	GS-03-001-2005	1998 年从俄罗斯引进	全国水产技术推广总站
21	津新鲤（彩图 10）	GS-01-003-2006	建鲤	天津市换新水产良种场
22	松浦镜鲤（彩图 11）	GS-01-001-2008	德国镜鲤选育系 F_4	中国水产科学研究院黑龙江水产研究所
23	福瑞鲤（彩图 12）	GS-01-003-2010	建鲤和野生黄河鲤	中国水产科学研究院淡水渔业研究中心
24	松浦红镜鲤（彩图 13）	GS-01-001-2011	荷包红鲤抗寒品系和散鳞镜鲤	中国水产科学研究院黑龙江水产研究所
25	瓯江彩鲤“龙申 1 号”（彩图 14）	GS-01-002-2011	浙江省瓯江流域鲤养殖群体	上海海洋大学
26	易捕鲤（彩图 15）	GS-01-002-2014	大头鲤、黑龙江鲤和散鳞镜鲤	中国水产科学研究院黑龙江水产研究所
27	津新鲤 2 号（彩图 16）	GS-02-006-2014	乌克兰鳞鲤（♀）×津新鲤（♂）	天津市换新水产良种场
28	福瑞鲤 2 号（彩图 17）	GS-01-003-2017	建鲤、黄河鲤和黑龙江野鲤野生群体	中国水产科学研究院淡水渔业研究中心
29	津新红镜鲤（彩图 18）	GS-01-002-2018	德国镜鲤养殖群体	天津市换新水产良种场

注：品种登记号中，“GS”为“国审”拼音的首字母，表示国家审定通过的品种；“01”“02”“03”分别表示选育、杂交和引进品种；“001”“002”……为当年审定通过的品种顺序号；最后 4 位数字表示审定通过的年份。

二、悠久的鲤鱼养殖历史

鲤鱼的性情十分温驯，对环境的适应力强，容易进行远途运输。目前鲤鱼已遍布于世界各地，是养殖地域最广的一种鱼类。鲤鱼在我国的养殖历史最久，我国现存最古老的诗集《诗经》就提到大约在公元前 1140 年周文王凿池养鲤鱼的情形：“王在灵沼，於牣鱼跃。”2 400 多年前的春秋战国时代就有叙述养鲤鱼方法的第一本专著——《养鱼经》（图 1-1）。相传，越国大夫范蠡在助越灭吴、功成名就之后告别官场，曾在蠡湖泛舟养鱼并著《养鱼经》一书。书中以鲤鱼为例，记述了鱼池构建、配对繁殖、放养密度、鱼鳖混养以及效益分析等水产养殖的各个方面。在 2019 年的一项研究中，一个国际研究小组分析了从我国河南省新石器时代早期贾湖遗址中挖掘的鱼骨，通过把这些鱼骨的体长分布和物种构成比例与

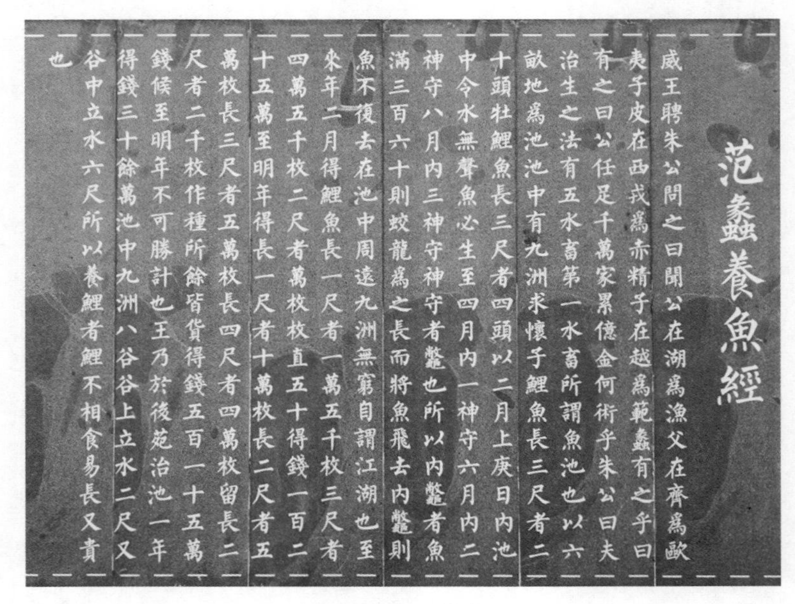
范蠡養魚經

威王聘朱公問之曰聞公在湖爲漁父在齊爲歐夷子皮在西戎爲赤精子在越爲範蠡有之乎曰有之曰公任足千萬家累億金何術乎朱公曰夫治生之法有五水畜第一水畜所謂魚池也以六畝地爲池池中有九洲求懷子鯉魚長三尺者二十頭牡鯉魚長三尺者四頭以二月上庚日內池中令水無聲魚必生至四月內一神守六月內二神守八月內三神守神守者鼈也所以內鼈者魚滿三百六十則蛟龍爲之長而將魚飛去內鼈則魚不復去在池中周遶九洲無窮自謂江湖也至來年二月得鯉魚長一尺者一萬五千枚三尺者四萬五千枚二尺者萬枚枚直五十得錢一百二十五萬至明年得長一尺者十萬枚長二尺者五萬枚長三尺者五萬枚長四尺者四萬枚留長二尺者二千枚作種所餘皆貨得錢五百一十五萬錢候至明年不可勝計也王乃於後苑治池一年得錢三十餘萬池中九洲八谷谷上立水二尺又谷中立水六尺所以養鯉者鯉不相食易長又貴也

图 1-1　范蠡《养鱼经》

东南亚现有水产养殖地的调查结果进行比较，研究人员提供了贾湖存在有人管理的鲤鱼养殖的证据，其历史可以追溯到公元前 6200 年至公元前 5700 年（Nakajima et al.，2019）。

至 2 200 多年前的汉代，池塘养鲤已很盛行，从皇室到地主都经营着养鲤业，并从自给性生产逐步发展至商品性生产（图 1-2）。到了唐朝，皇帝姓李，因“鲤”与“李”同音，鲤鱼跳上了龙门，成了皇族的象征。于是“养鲤”“捕鲤”“卖鲤”“食鲤”都成为皇族最大的禁忌，根据唐朝法律，违者会受到重罚。因此此时期鲤鱼养殖中断，青鱼、草鱼、鲢鱼、鳙鱼四大家鱼的养殖从而兴起。唐朝以后，养鲤业逐渐恢复，并由原来的单养鲤鱼发展到与家鱼混养的模式。新中国成立后，为解决优质蛋白质供应问题，水产养殖业得到迅速发展，养鲤业在人工繁殖、养殖和品种培育方面也取得长足进步，养殖方式也呈现多样化，有池塘精养、池塘混养、大水面网箱养殖、稻田养殖以及盐碱地池塘养殖等。我国逐步培育出了 20 多个优良品种，用于不同区域的养殖生产，可以从原来的一年养成、二年养成变为当年养成，缩短了养殖周期，减少了养殖投入并降低了经营风险，增加了收益。

图 1-2　汉代养鲤石画像

第二节　鲤鱼的市场价值

鱼具有高蛋白质、低脂肪的优点，并能供给人体必需的氨基酸以及矿物质、维生素 A 和维生素 D 等元素。鱼的脂肪含有较多的不饱和脂肪酸，具有抗动脉粥样硬化作用，对防治心脑血管疾病、增强记忆力、保护视力、消除炎症颇有益处，是非常理想的健康食品。因而多吃鱼既能强身健体，又能补脑益智。

一、鲤鱼的营养价值

鲤鱼不但蛋白质含量高，而且质量也佳，所含蛋白质都是完全蛋白质，而且蛋白质所含必需氨基酸的量和种类比值适合人体需要，容易被人体消化吸收，人体的消化吸收率可达 96%，具有良好的营养价值。鲤鱼的脂肪多为不饱和脂肪酸，能有效降低胆固醇，可以防治动脉硬化、冠心病，因此多吃鲤鱼有利于延年益寿。每 100 克可食部分中，含有蛋白质 17～19 克、脂肪 2～4 克，矿物元素和维生素的含量大致为 50 毫克钙、33 毫克镁、0.5 毫克铁、0.05 毫克锰、2.08 毫克锌、0.06 毫克铜、334 毫克钾、204 毫克磷、53.7 毫克钠、15.38 微克硒，5 微克维生素 A_2、0.03 毫克硫胺素（维生素 B_1）、0.09 毫克核黄素（维生素 B_2）、2.7 毫克烟酸、1.27 毫克维生素 E、84 毫克胆固醇以及 1.1 微克胡萝卜素。

正是由于鲤鱼含有丰富的营养，所以它作为一种食材被用于制作多种美食，如红烧鲤鱼、糖醋鲤鱼、清炖鲤鱼、葱油鲤鱼、清蒸鲤鱼、脆皮鲤鱼、梅汁鲤鱼等，其中不乏一些地方名菜。

鲤鱼焙面（图 1-3）是开封当地的一道传统名菜，是由糖醋熘鱼和焙面两道名菜配制而成。相传，清光绪皇帝和慈禧太后为逃避八国联军侵华之难，曾在开封停留。开封府衙着长垣名厨备膳，贡奉糖醋熘鱼，光绪皇帝和慈禧太后食后连声称赞。长垣名厨最早将用油炸过的“龙须面”盖在做好的糖醋熘鱼上面，创作了糖醋熘鱼带焙面这道名菜，既可食鱼，又可以面蘸汁，故别有风味，深受顾客欢迎。后人们又将不零不乱、细如发丝的拉面油炸后和熘鱼搭配起来，使其更为锦上添花。当前，此菜为河南十大名菜之首，也是河南省非物质文化遗产。

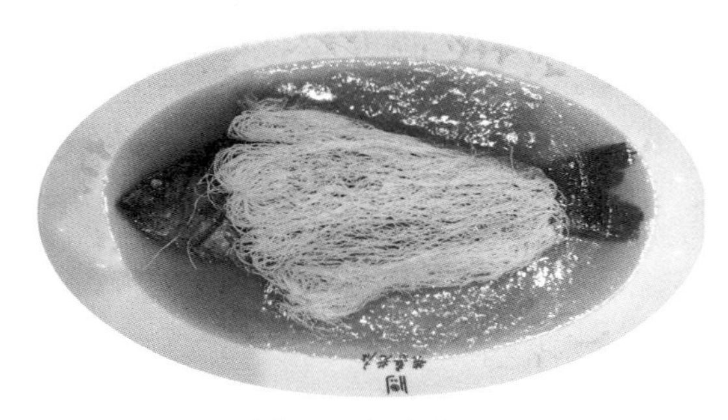

图 1-3　鲤鱼焙面

糖醋黄河鲤鱼是山东济南的传统名菜。糖醋黄河鲤鱼最早始于黄河重镇——洛口镇，这里的厨师喜用活鲤鱼制作此菜，并在附近地方有些名气，后来传到济南。厨师在制作时，先将鱼身割上刀纹，外裹芡糊，下油炸后，使其头尾翘起，再用著名的洛口醋加糖制成糖醋汁浇在鱼身上。此菜香味扑鼻，外脆里嫩，且带点酸，不久便成为名菜馆中的一道佳肴。

二、鲤鱼的文化价值

鱼文化是指在长期的历史发展中，人类赋予鱼以丰厚的文化内涵，形成的一个独特的文化门类。鱼文化的主要内容除了渔业的渊源及其发展史，各个历史时期的渔船、渔具、渔法，养殖和加工的技术与方法外，还包括有关鱼和渔民的故事传说、文学艺术品，各地渔民的生活习惯、风土人情与习俗以及渔业与宗教结合的衍生品等（宁波等，2017）。除了营养美食以外，鲤鱼在我国还具有丰富的文化价值。

（一）鲤鱼与图腾、崇拜

鲤鱼以其外形和多子特征成为古代崇拜物之一，鲤鱼作为崇拜之物占据了人类图腾文化的大部分。在我国，从许多母系氏族社会遗址中出土的陶器、石器上都绘有或刻有鱼纹，如在陕西西安附近的半坡遗址中，曾发现许多鱼纹彩陶，其中有著名的人面鱼纹图形（图 1-4）。鲤鱼的繁殖力强、生长迅速、成活率高，以鲤鱼为图腾的生殖崇拜在我国文化史上产生了深远的影响，故成为人丁众多、家族兴旺的象征，并引申到生财等广泛意义上。《易》中就有“贯鱼”一词，表现了生息繁衍是人类社会发展永恒的主题。

图 1-4　人面鱼纹陶盆

鱼作为祥瑞之物，历代典籍早有记载。上古时期，鱼作为吉祥物，除指一般意义的鱼外，常特指鲤鱼。在我国的民俗文化中，鲤鱼一直是吉祥物和吉祥语、吉祥图案的内容，鲤鱼很早就被赋予了更加特殊、更加丰富的文化色彩。中国人爱鲤崇鲤的习俗覆盖了诸多生活领域。相传，春秋时孔子的夫人生下一个男孩，恰巧鲁国国君送几尾鲤鱼来，孔子“嘉以为瑞”，于是为儿子取名鲤，字伯鱼。后成习俗，有人生子，亲朋好友往往携鲤鱼前去祝贺，或馈赠以鲤形的礼物，寄意新生儿健壮如鲤，不怕艰险，搏浪成长。鲤鱼多表现吉祥寓意，如以鲤鱼与橘子组合表达“吉庆有余”，与莲花组合表达“连年有余”，与牡丹结合寓意“勃勃生机”，与珠宝、浪花结合

则比喻“财源滚滚”，鲤鱼、龙门、浪花结合寓意“鱼跃龙门、飞黄腾达”。如今，“鲤鱼跃龙门”“连年有余”“吉庆有余”“娃娃抱鱼”“富贵有余”仍用于表达人们对美好生活的向往。因“鲤”与“利”谐音，“鱼”与“余”谐音，在商业吉祥图案“渔翁得利”“高贵有余”“吉庆有余”中的纹图都是鲤鱼。在中国人民银行1997年发行的贵金属纪念币中，就有硬币图案是娃娃抱鲤鱼，即我国传统的“吉庆有余”图案。近年来在许多地方的公司、酒楼开张，乔迁之喜等都习惯摆上一缸锦鲤。每群锦鲤里必然有一至数尾全身乌黑、肚皮金黄的被称为“铁包金”的鲤鱼。锦鲤有“进利”之意，“铁包金”自然是肚里有黄金，即意味着发财。

（二）鲤鱼与传说、习俗

有关鲤鱼的故事传说和习俗无不体现着人们对美好生活的向往。

大禹凿门和鲤鱼跃龙门（图1-5）的故事在民间流传甚广。相传远古时期，黄河泛滥，洪水肆虐，淹死的人畜不计其数。尧帝命鲧专门治水，鲧带领人们堆石垒堤堵水，一连九年，不见成效。尧让位给舜，舜帝起用鲧的儿子大禹继承父业，治理水患。禹根据黄河的流向和山川的地势，凿石开渠，排泄洪水，以疏浚的方式治理洪水，一干就是十三年。他为民除水患的精神感动了天上的玉帝。玉帝就命自己的小女儿下凡，化作涂山女，嫁与大禹为妻，帮他一同治水。涂山女从天上带来两件法宝当嫁妆：一把神犁和一柄鬼斧。大禹和涂山女紧追黄河洪峰，来到黄土高原上。涂山女用神犁划了几下，高原上就出现了壁峭坡陡的晋陕大峡谷，洪水顺着狭窄的峡谷疾速奔腾而去。没想到前面还有一座大山，横在峡谷之上，把黄河当头阻拦，激起冲天狂涛。大禹举起鬼斧，左劈右砍，把这座大山劈开四十余丈*深，这才给洪峰凿开了一条通道。于是黄河水不顾悬崖绝壁，猛然跌落下去。这个形状如同门阙、鬼斧镌迹遗

* 丈为非法定计量单位，1丈≈3.3米。——编者注

存的山崖豁口，就是现今雄踞山西省河津西北、陕西省韩城东北，分跨黄河两岸的天下名胜奇景——禹门。

图 1-5　鲤鱼跃龙门

百姓们摆脱了水患，感谢大禹。可是黄河中的鲤鱼们却叫苦不迭。奔腾的洪流把它们卷走，从上游急冲过来，直冲出禹门，骤然跌入十多丈深的凹槽形成的大瀑布中，鲤鱼们再也无法逆流返回故乡了。众鲤鱼向大禹夫妇发出警告："快把大豁口堵上，再把我们送回上游去。不然，就联合天下鳞界，吸露吐水，兴风作浪报复你们!"大禹冷笑道："有能耐的，跃过豁口去！闹水患，祸害百姓，这算什么本事?"鱼儿们苦着脸说："都试过啦。水势湍急，豁口又高。不是跌破额头，就是摔烂了鳃。”涂山女笑了：“我去天庭奏准玉帝，能跃上豁口的，马上化为飞龙，腾云上天；跌坏额鳃的，那只能怨自己是天生的凡品，也别捣乱了……”鲤鱼们听说一跃可以化龙上天，无不高兴地欢蹦乱跳。从此，每逢暮春季节，就有无数金色的鲤鱼循着黄河逆流而上，聚在禹门下，顶着激浪，奋力跳跃。偶有一跃而过者，立刻便有云雨相随，火焰从后面烧去它的尾巴，霎时化为苍龙，腾飞于九天之上，引起众多在瀑布下跌泻的同类们无限羡慕。时间一久，人们便把这跃之便可化龙飞升的禹门称作“龙门”。根据这个典故，唐朝诗仙李白写了一首关于鲤鱼的诗：“黄河三尺鲤，本在孟津居。点额不成龙，归来伴凡鱼。”作为吉祥图画的鲤鱼跃龙门既是这个优美传说的形象表述，更寄托着祈盼飞黄腾达、一朝交好运、一跃高升的美好愿望。尤其是希望子女靠读书应试去博取功名前程的人家，都把它当作幸运来临的象征。鲤鱼跃龙门还常常用来形容那些经过艰苦奋斗而改变了地位和状况的人和事。

我国传统年画中常有一个穿红肚兜的男孩身骑一尾活蹦乱跳的大鲤鱼的形象，谓之“吉庆有余（鱼）”（图 1-6）。这个题材传承了上千年，是我国民俗传统中最受欢迎的题材之一。相传早在汉朝时，黄河边上有个贫苦的孤儿名为吉庆，靠在黄河上背纤为生。吉庆有一身好水性，踏浪泅水如履平地。他为人心地善良，经常帮助坐船的客人打捞不慎落水的物品。他能一件不少地将原物找回，却从不妄取水中一物。有人就劝他：“黄河鲤鱼肉鲜味美，名贵于天下，你何不捉几尾去换钱，也强过你在此受背纤之苦?”他却摇头道：“我从小喝黄河水长大，如今又靠黄河水吃饭。鲤鱼没伤害过我，我怎忍心去伤害它?”于是，不少人都取笑吉庆是“吉痴”。有一天夜晚，吉庆梦见一个身穿红袍、衣袍无缝的小男孩向他奔过来，口中呼喊“救命”。他伸手去牵小孩时却突然惊醒。第二天，吉庆一早又去河边准备拉纤绳，忽然看见有条大水蛇向着一尾正在水中嬉耍的红色鲤鱼直窜过来。说时迟、那时快，这时吉庆手疾眼快地弯下腰出手一捞，从水里把鲤鱼从蛇口中救了下来。赤鲤在他手上也不挣扎，仰脖张嘴，鳃盖一张一合着，像是要对吉庆说什么。吉庆猛然想起前一天晚上做的梦，心里一动，赶紧捧着它往岸上自己的草棚跑去。他用水罐小心地把它养了起来，还将自己唯一的馍掰成碎屑喂它吃。傍晚，背了一天纤绳的吉庆疲惫地回到草棚，急切地去看望水罐中的鱼儿。不料水罐中赤鲤不见了，在水里却见整整齐齐地码着四个足金元宝。每个金锭上都刻有四字铭文，合起来是“九登禹门，三游洞庭，愧不成龙，来富吉庆”。从此以后，吉庆有鱼变富的故事便传开了。

图 1-6 吉庆有余（鱼）

《三国史记》记载了“鲤鱼退兵出奇计，智退东郡百万军”的故事。公元 28 年秋，辽东太守擅作主张率兵攻伐高句丽。大武神王凭丸都山城之险，采取坚壁清野的战术，固守数旬，汉军围而不解。此时城内兵瘦人饥、粮草殆尽，可辽东太守的兵马却没有丝毫撤退的迹象。正当大武神王一筹莫展之际，国王的一个侍从提了一尾大鲤鱼走了进来，高兴地对国王说今天晚上有鱼吃了。一个名为乙豆智的左辅大臣看到了大鱼，眼睛为之一亮，计上心来，大声喊道：“我有退兵之计了！”乙豆智献计说：“辽东太守采取久围不战的策略，是认为城中岩石之地，水源不足，粮草有限。如果我们捉取饮马湾中的鲤鱼，包以水草，再加美酒数担假意犒劳汉军，汉军必会误认为城中水源充足，粮草丰盈，他们就会自动退兵的。”于是大武神王派使者，担酒荷鲤，向太守谢罪说：“寡人愚昧，获罪于上国，致令将军帅百万之军暴露敝境。无以为报，仅用薄物，致供于左右。”太守见到鲤鱼及美酒，马上意识到城中必是粮草丰盛、水源充足，眼看冬天已到，不如见好就收吧。于是太守一声令下，百万大军班师回朝。高句丽这场空前危难就这样被戏剧性地轻易化解了。

孝道是我国传统社会十分重要的道德规范，也是中华民族尊奉的传统美德。在我国传统道德规范中，孝道具有特殊的地位和作用。我国的孝道故事中也有与鲤鱼有关的传说，如“卧冰求鲤”“涌泉跃鲤”。“卧冰求鲤”最早出自东晋的史学家干宝所著的《搜神记》，为“二十四孝”之一，讲述晋人王祥冬天为继母在冰上捕鱼的事情，被后世奉为孝道经典故事（图 1-7）。晋朝的王祥早年丧母，继母朱氏并不养他，常在其父面前数说王祥的是非。他因而

图 1-7　卧冰求鲤

失去父亲之疼爱，父亲总是让他打扫牛棚。父母生病，他忙着照顾父母，连衣带都来不及解。一年冬天，继母朱氏生病想吃鲤鱼，但因天寒河水冰冻，无法捕捉，王祥便赤身卧于冰上，忽然间冰化开，从裂缝处跃出两尾鲤鱼，王祥喜极，持归供奉继母。继母又想吃烤黄雀，但是黄雀很难抓，在王祥担心之时，忽然有数十只黄雀飞进他捕鸟的网中，他大喜，旋即又用来供奉继母。他的举动被十里*乡村传为佳话。人们都称赞王祥是人间少有的孝子。“涌泉跃鲤”是“二十四孝”中的一则故事（图 1-8），东汉四川广汉人姜诗娶庞氏为妻。夫妻孝顺，其家距长江六七里之遥，庞氏常到江边取婆婆喜喝的长江水。婆婆爱吃鱼，夫妻就常做鱼给她吃，婆婆不愿意独自吃，他们又请来邻居老婆婆一起吃。一次因风大，庞氏取

图 1-8　涌泉跃鲤

---

* 里为非法定计量单位，1 里＝500 米。——编者注

水晚归，姜诗怀疑她怠慢母亲，将她逐出家门。庞氏寄居在邻居家中，昼夜辛勤纺纱织布，将积蓄所得托邻居送回家中孝敬婆婆。其后，婆婆知道了庞氏被逐之事，令姜诗将其请回。庞氏回家这天，院中忽然喷涌出泉水，口味与长江水相同，每天还有两尾鲤鱼跃出。从此，庞氏便用这些供奉婆婆，不必远走江边了。

（三）鲤鱼与传信、传情、姻缘

鲤鱼还与鸿雁一样，是古代传递书信的使者，这就是鱼雁传书的来历。隋、唐两朝，朝廷颁发有一种信符，符由木雕或铜铸成鱼形，时称"鱼符""鱼契"，由于要把传递的信息书写在符上，故又称为"鱼书"。使用此符时，把它剖为两半，双方各执半边鱼符，以备双方符合作为凭信。宋朝的时候，为了显示使用者的高贵身份，有以黄金制作的鱼符。

《古乐府》中"客从远方来，遗我双鲤鱼，呼儿烹鲤鱼，中有尺素书"，这是称书信为"鲤素"的由来，也因为这种缘故，隋唐人寄递书信传情，常将尺素结成双鲤之形，便有了"驿寄梅花，鱼传尺素""不见伊人久，曾贻双鲤鱼""相思望淮水，双鲤不应稀""嵩云秦树久离居，双鲤迢迢一纸书""吴郡鱼书下紫宸，长安厩吏送朱轮""故国池塘倚御渠，江城三诏换鱼书""鱼书欲寄何由达，水远山长处处同"等诗句。

鲤喜成群，又离不开水，故以鱼水之情喻人际关系，并以"鱼水合欢"引申到夫妻恩爱、姻缘美满。

（四）鲤鱼与随性、自由

"白发渔樵江渚上，惯看秋月春风。"古代的隐士往往以樵夫和渔人的形象出现，他们看透世态，冷眼看红尘，得大自由、大自在。在文学作品中，隐士的形象多为静坐垂钓的渔夫，表达自己高洁、不随流俗的品质。"孤舟蓑笠翁，独钓寒江雪。"隐士总是独坐江边，任斜风冷雨，独自凝视江面的形象。因而渔人成为隐士的象征，是高士的别名，是自由自在的人。

图 1-9 琴高乘鲤

鲤鱼还与得道成仙的传说有关，那就是琴高乘鲤（图 1-9）。汉朝刘向在《列仙传》中记载，赵国有一个人名为琴高，他曾经是宋康王的舍人，最擅长擂鼓操琴，并且拥有长生之术。不少想修道成仙的人纷纷拜在他的门下。他在冀州和涿郡一带漫游了二百多

年，收的弟子有好几百人。有一次，他说自己要入涿水取龙子，众弟子惊愕不已，临行之日，他嘱咐众弟子在涿水旁给他造一座生祠，并斋戒沐浴，在某月某日某时辰，以静候他的复出。而后琴高果然乘着一尾赤色的鲤鱼从水中出。万人空巷，争而观之。这样过了一个月，一天清晨，琴高又乘着赤色鲤鱼飞入了涿水，从此再也没回祠里。后来，琴高乘鲤这一典故被用来写吟咏仙道。

（五）鲤鱼与饮食文化

孔子曾说："食不厌精。"这一理念在食鱼文化中得到了充分展示。实际上，食鱼文化正是一种精致、精巧、精心的精品文化。

清朝的李渔在《闲情偶寄》中以极热情和细腻的笔触描绘了食鱼文化的精髓。他说，食鱼者首重在鲜，次则及肥，肥而且鲜，那是最好的了。关于鱼的烹调也很有讲究。对此李渔有详细阐述："烹煮之法，全在火候得宜……迟客之家，他馔或可先设以待，鱼则必须活养，候客至旋烹。鱼之至味在鲜，而鲜之至味又只在初熟离釜之片刻……"他还有更诱人的描述在后面："更有制鱼良法，能使鲜肥迸出……则莫妙于蒸。置之镟内，入陈酒、酱油各数盏，覆以瓜姜及蕈笋诸鲜物，紧火蒸之极熟。此则随时早暮，供客咸宜，以鲜味尽在鱼中，并无一物能侵，亦无一气可泄，真上着也。"

至今，河南仍流行喝"鱼头酒"的习俗，这与当地的鲤鱼文化不无关系。喝鱼头酒寓有对鲤鱼格外看重的含义。在喝鱼头酒的过程中，又体现出对客人、尊者、长者的敬重。

鱼头酒往往成为一次酒宴的高潮。一般的情况是，在人们酒酣之时，作为"压轴大戏"的红烧鲤鱼被服务人员恰如其时地献了上来。训练有素的服务人员把盛有红烧鲤鱼的盘子放在桌面上，转动桌面使鱼头恰好对准席中较尊者。若桌面不能转动，则将盛有鱼的盘子直接放在较尊者的面前，鱼头对准较尊者。此时，谁也不准再转动桌面，正在进行敬酒或行酒令的也须暂停。主人一般会按照"头三尾四"喝鱼头酒的规矩，先让鱼头对着的客人喝三杯酒，鱼尾对着的则陪客人喝四杯酒。由于鱼尾是分叉的，有时会对着两个人，这时喝鱼尾酒的将会是两个人。有时陪客人喝鱼头酒的是坐在客人左右两侧的人，其劝酒词往往是“鱼眼放光，左右喝光”之类。鱼头、鱼尾酒喝完，有时还会讲“腹五背六”，即对着鱼腹的要喝五杯酒，对着鱼背的要喝六杯酒。喝完鱼头、鱼尾酒，喝过鱼头酒的尊者往往夹取少许葱丝、芫荽（香菜）等盖住鱼的眼睛，一边说“一盖不喝”，一边请人们共同品尝。还有一种讲究，客人喝完鱼头酒后，会夹起鱼眼挑到主陪的盘子中，称之为“高看一眼”。

鱼头酒的来历有多个传说，众说纷纭。其一，后周显德七年（公元 960 年），赵匡胤统率禁军北征抗敌，大军行至京城东北四十里的陈桥驿站，赵匡胤下令安营扎寨休息。当晚，赵匡胤请来谋士赵普等人商谈军机大事。正谈在兴头儿上，厨师端上一尾油煎鲤鱼，鱼头正对着赵匡胤，赵普离座祝贺说：“吉兆！鲤鱼跳龙门，鱼头当先，此次赵元帅一定能旗开得胜，杀敌有余（鱼），请让我敬元帅三杯酒!”赵匡胤闻此吉言妙语喜上眉梢，三杯酒一饮而尽。后来赵匡胤兵不血刃，推翻了后周，建立了大宋王朝，史称宋太祖。还有传言道：康熙大帝微服私访，由吴士友陪同在一偏僻小镇上吃酒，店小二无意将鲤鱼头正对康熙，康熙大怒，认为不吉，因古代箭身酷似鱼的模样，箭头呈三角尖，箭尾又两叉开。他正欲起身示意随从拿下，吴士友忙按住说：“本人测个‘鱼’字，诸位请看，它是刀字头，田字腰，火字尾。田，泛指种地的百姓；四点火，是打铁的手艺人；这刀，多系领兵打仗的将官。酒桌上凡鱼头所指之人，将来必成大业。小乙（康熙代名）今日被鱼头所指，定是吉相，来来来，先喝三杯，以示祝贺……”本来是一场祸事，吴士友用几句话便将其破解，既救了店小二的命，又遮掩了康熙大帝的身份。从此，一传十，十传百，鱼头所指之人多是官相，且有吉兆。直至今日，宴席之中，鲤鱼上桌时，仍会将头指向主宾，以示敬意，并请其连饮三杯。

鲤鱼丰富的文化底蕴如今也让一些山村得到迅速发展，如福建省周宁县城西 5 千米处的浦源村借“鲤鱼溪”之名重新得到发展。

鲤鱼溪（彩图19）源自宋朝，历经800余年，2005年，鲤鱼溪护鱼习俗被列入福建省非物质文化遗产名录；2008年，以其中的鱼家（图1-10）、鱼葬和鱼祭文作为“三个世界唯一”，被收录为吉

图1-10 鱼 家

尼斯“年代最久的鲤鱼溪”。依托鲤鱼溪传统文化优势，村里将美丽乡村建设与鲤鱼溪景区建设相结合，村庄建设、景区建设都融进鲤鱼传统文化元素，并与国家级风景名胜区连为一体。这样独特的人鱼文化吸引着全国各地的游客纷至沓来。浦源村也因此被评为“福建最美的乡村”、福建省十大旅游风景区。

三、鲤鱼的药用价值

（一）鲤鱼的药用功效

鲤鱼不仅有较高的营养价值，而且还有一定的药用价值，据历代医药文献（图 1-11）资料记载，鲤鱼各部位均可入药。中医学认为，鲤鱼味甘性平，归脾、肾、胃、胆经，有健脾和胃、利水下气、通乳、安胎之功效，可用于胃痛、泄泻、水湿肿满、小便不利、脚气、黄疸、咳嗽气逆、胎动不安、妊娠水肿和产后乳汁稀少等。尤其对孕妇胎动不安、妊娠性水肿有很好的食疗效果。

鲤鱼鳞是皮肤的真皮生成的骨质，其基质由胶原转化，化学上

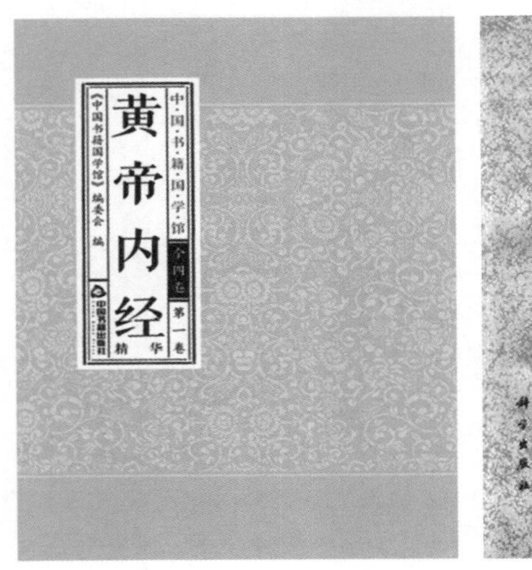

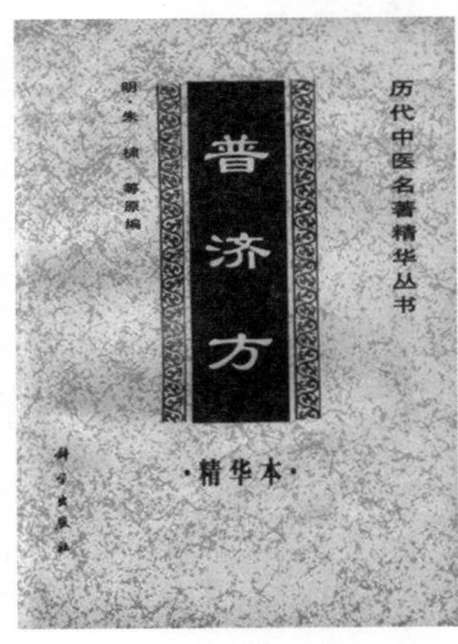

图 1-11　医药文献

属于一种硬蛋白。烹饪鲤鱼时可以不去掉鳞，放入锅里煎时，鱼鳞变得爽脆、金黄好看。鱼鳞可保护鱼肉的鲜嫩，使鱼肉更有营养。鱼鳞具有散血、止血功效，烧灰、研末后，可治吐血、衄血、崩漏带下、瘀滞腹痛和痔漏等。

鲤鱼脑的主要成分为水分、蛋白质、脂类等，此外，每100克新鲜脑组织含8.30毫克维生素C。

鲤鱼血的组成因季节、营养情况等而有差异。幼鲤的血红蛋白含量在冬季较春季为低。凝血活性不如哺乳动物，凝血酶原的转化常不完全。在冬季，鲤鱼饥饿时，血清蛋白含量减少，如长期饥饿，可减到1.98%～2.0%。血清蛋白含白蛋白和α-、β-、γ-球蛋白，它们电泳性质与兔的相似；在电泳时，α-球蛋白有4个区分，β-球蛋白有2个区分，γ-球蛋白有1个区分。在3月中旬性成熟时，血中Na^{+}、Cl^{-}量雄者多于雌者，而K^{+}、Ca^{2+}及总蛋白质则雌者多于雄者。根据《唐本草》记载，鲤鱼血用于涂抹治疗小儿丹肿及疮。

鲤鱼眼睛富含维生素C，一般春夏季节较秋冬季节为高。《食疗本草》记载，刺在肉中，中风水肿痛者，烧鲤鱼眼睛作灰，纳疮中，汁出即可。

鲤鱼皮主要成分为蛋白质、脂肪等，从红色鲤鱼皮肤中可分离出叶黄素酯、α-和β-皮黄素酯及虾黄质等。

鲤鱼在药用方面也有一些禁忌：根据民间经验，鲤鱼为发物，鲤鱼两侧各有一条如同细线的筋，剖洗时应抽出去掉。恶性肿瘤、淋巴结核、红斑狼疮、支气管哮喘、小儿痄腮、血栓闭塞性脉管炎、痈疖疔疮、荨麻疹、皮肤湿疹等疾病患者均忌。

（二）名家论述

1.《本草衍义》

鲤鱼，《素问》曰：鱼热中。王叔和曰：热即生风。食之，所以多发风热，诸家所解并不言。《日华子》云：鲤鱼凉，今不取，直取《素问》为正。万一风家更使食鱼，则是贻祸无穷矣。

2. 《本草纲目》

鲤乃阴中之阳，其功长于利小便，故能消肿胀黄疸，脚气喘嗽，湿热之病。作鲙则性温，故能去痃结冷气之病。烧之则从火化，故能发散风寒，平肺通乳，解肠胃及肿毒之邪。

3. 《冯氏锦囊秘录》

鲤鱼禀阴极之气，故其鳞三十有六，阴极则阳复。故《素问》言鱼热中也。其气味虽甘平，然六阴已极，阳气初生，故多食能动风发热也。甘可以缓，故主咳逆上气，止渴。阴中有阳，能从其类以导之，故能利小便，使黄疸、水肿、脚气俱消也。

第三节　鲤鱼养殖产业现状和绿色生态养殖展望

一、鲤鱼养殖产业现状

我国是世界上唯一的养殖产量超过捕捞产量的国家，水产品总产量和养殖产量已连续 30 年居世界首位，淡水养殖在世界上占有举足轻重的地位。大宗淡水鱼（青鱼、草鱼、鲢鱼、鳙鱼、鲤鱼、鲫鱼和鳊、鲂鱼）为我国淡水养殖鱼类的主体，根据《中国渔业统计年鉴 2019》的数据，大宗淡水鱼的养殖产量占淡水养殖总产量的 66.45%。鲤鱼作为大宗淡水鱼中的一个重要品种，除西藏以外，其他地区都广泛养殖。2010—2018 年，在淡水养殖产量中，鲤鱼产量一直保持在占比 10%～11%（图 1-12）。

2010—2018 年，随着养殖水平不断提高，我国鲤鱼养殖单产水平逐年上升，以河南为例，养殖鲤鱼的饲料系数低至 1.2，亩* 产可以超过 5 000 千克。再加上养殖规模逐年增大，鲤鱼养殖年产量也不断增加。2010 年全国的鲤鱼养殖产量为 253.85 万吨，到

* 亩为非法定计量单位，15 亩＝1 公顷。——编者注

2016 年达到最高产量 349.80 万吨（图 1-13）。但在高养殖产量的

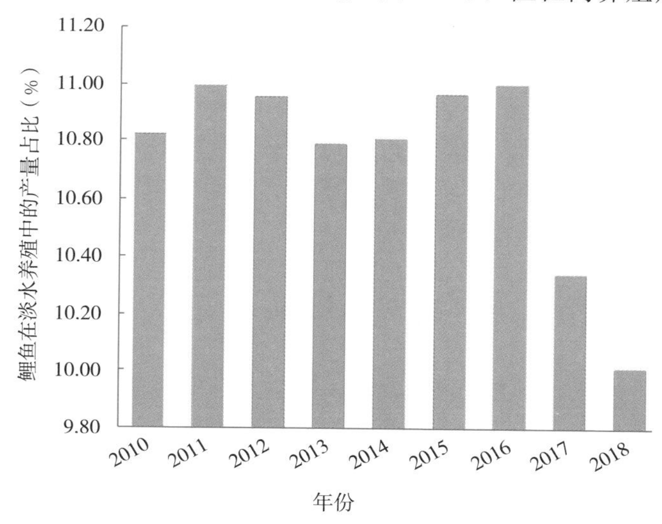

图 1-12 2010—2018 年鲤鱼养殖产量占淡水养殖产量的比例
（数据来源于历年《中国渔业统计年鉴》）

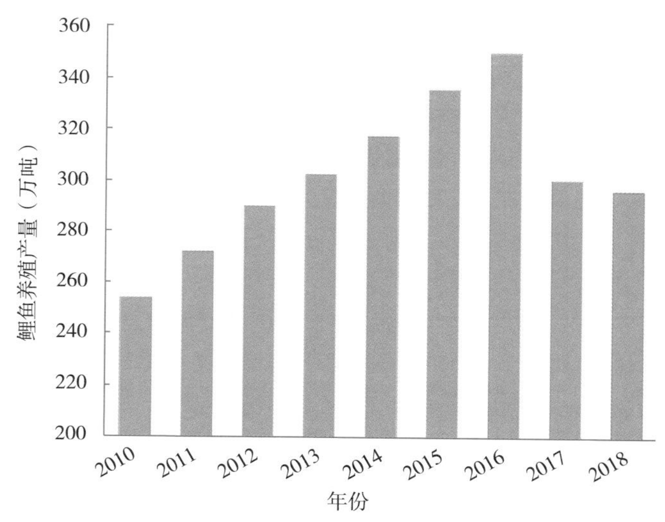

图 1-13 2010—2018 年鲤鱼养殖产量
（数据来源于历年《中国渔业统计年鉴》）

背后，养殖利润率逐年降低、养成鱼品质下降、对生态环境的负面影响等问题逐步显现。由于养殖产量高，大多又集中上市，再加上精养池塘的水质含有较多营养物，藻类较丰富，导致养出的鱼品质一般。这使得鲤鱼的市场价格长期处于低迷状态，有时甚至低于养殖成本，所以养殖户的收益得不到保障。养殖池塘尾水的无序排放也会导致周围水体的富营养化，影响生态环境。因此在鲤鱼养殖生产中，调结构、转方式势在必行。

二、鲤鱼绿色生态养殖展望

党的十八大以来，国家高度重视生态环境问题，提出了新发展理念，把生态文明建设、绿色发展、供给侧结构性改革摆在了全局工作的重要位置，坚持节约资源和保护环境的基本国策。因而，水产养殖绿色发展是渔业产业可持续发展的必然方向（王建波，2018；张振东，2018）。水产养殖绿色发展就是以绿色、低碳为发展理念，以高效、优质、生态、健康、安全为发展目标，用最严格的环境保护措施，发展环境友好型水产养殖。

开展绿色、生态、健康的养殖模式，是根据养殖对象的生物学习性，维护一个相对平衡的生态系统，保证养殖水质的良好，减少养殖污染废水的排放量，有效维护养殖区域及周边的生态环境。另外，采取生态养殖模式，保障养殖品种的健康生长，减少用药量或不用药，节约投入成本，保障水产品的健康生态。绿色模式养殖出来的水产品的品质也得到提高，具有市场竞争优势，可以获得更大的收益。目前，水产养殖行业已经形成一些绿色生态养殖方式（何绪刚，2019；刘波，2019；刘兴国等，2010；全国水产技术推广总站，2019；宋红桥等，2018；张振东等，2019）。鲤鱼具有很强的适应性，可以很好地适应这些绿色生态养殖模式。

（一）稻渔综合种养技术模式（彩图 20）

该技术是通过稻与鱼、虾、蟹共生原理，一方面鱼虾蟹利用稻田里的杂草、底栖动物、蚊虫等天然饵料获取营养，另一方面鱼虾蟹可清除稻田里的杂草以及螺等一些稻谷病害的中间宿主，减少或避免稻谷病害的发生，发挥鱼沟和鱼溜周边水稻的边行优势，提高稻谷产量，节省人工、农药等生产成本，同时保证稻谷与水产品的质量优质。

（二）池塘工程化循环水养殖模式（俗称“跑道养鱼模式”）（彩图21）

该模式是采取在池塘中建设流水槽等设施（约占池塘总面积2%）进行高密度集约化养殖，池塘98%左右的面积用于净化水质，使养殖用水得以长期循环利用，达到环境友好、可持续、健康发展的目的。在养殖流水槽中采用气推、气提等形式，保证了池水昼夜的高溶解氧、长流水环境，从根本上保障了养殖产品的优质高产，其总产量达到或超过原来整个池塘的养殖总产量。

该养殖模式的养殖用水循环利用，管理操作实现智能化、机械化，便于规范化管理，有利于水产品质量监管，减少了人力的投入。该养殖模式营造了一个相对独立的优良养殖水域环境，不对外界环境造成污染，外界对其影响小，减少用药量，方便捕捞。在净化区域投放滤食性鱼类，种植水稻、莲藕等，一方面净化水质，保障养殖水产品的品质；另一方面可以获得一定数量的产品，增加产值，提高效益，是环境友好型渔业。

（三）鱼菜共生生态立体养殖模式（彩图22）

通过在鱼虾蟹池中种植空心菜和轮叶黑藻、苦草、伊乐草等水生植物，一方面为虾蟹脱壳提供隐藏的地方，躲避敌害，避免自相残杀，提高成活率；另一方面为虾蟹生长提供优质天然饵料，减少人工饵料成本。水草可以吸收氮、磷等，净化水质，减少病害发生，节约用药成本。水草的光合作用增加水中溶解氧，可少开增氧机，节约电力增氧成本。同时，采取虾、鳙鱼、菜、草立体种养殖模式，每千克鱼虾的售价可以比同类产品高出40%左右。除鱼虾的收入外，空心菜的收入增加了总的经济收入。部分轮叶黑藻、苦草、伊乐草可以作为观赏水草和鱼虾蟹的饲草销售，增加收入，提高单位水体的产品产量，生产出优质、生态、营养丰富的绿色水产品，增加池塘综合效益。

（四）集装箱养殖模式（彩图 23）

该模式是在池塘边上安装一排集装箱，把池塘中的鱼养到集装箱中，箱与池塘连成一体化的循环系统，把池水抽起，经过臭氧杀菌，在集装箱体内进行流水养鱼，养殖尾水经过固液分离后返回池塘净化，不再向池塘投喂饲料、渔药，池塘成为湿地生态池、净化池。

该模式养殖密度高，占地面积少，移动性强，安装简单，单产高，污染少，利用大面积池塘作为缓冲和水处理系统，生态修复能力强大，低耗能。在产量相同的情况下，推水养殖的耗能仅为池塘养殖的 1/3。此外，该模式可减少饲料浪费；商品鱼捕捞简单，用工量少，成活率高，便于运输且保持质量；抵御自然灾害能力强，病害可控。

（五）池塘“零排放”绿色圈养模式（彩图 24、25）

该模式是“池塘内桶形箱体＋池岸上固液分离塔＋人工湿地净水系统”的水产养殖设施系统，主要包括圈养箱、增氧系统、集排污系统、循环水系统和人工湿地废水处理系统五个部分。该模式将主养鱼类圈养在圈养桶内，通过圈养桶特有的锥形集污装置高效率收集残饵、粪污等废弃物，废弃物经吸污泵抽排移出圈养桶、进入尾水分离塔，固废在尾水分离塔中沉淀分离、收集后进行资源化再利用。养殖废水经过固液分离塔进入人工湿地进行脱氮降磷处理，净水再回流池塘重复利用，具有高效集排污特点，养殖系统排污效率达 90％以上，养殖容量 50～100 千克/米^3，饵料系数下降约 20％，可实现养殖尾水 100％循环利用。

池塘“零排放”绿色圈养模式节能又减排，具有很高的经济效益和生态效益，是一种值得推广的绿色水产养殖新模式。这种养殖方式具备清洁生产，提升养殖容量，降低病害发生率，提升水产品质量，降低人力、水资源等生产成本，提升养殖效率等多种特点。同时，该方式对池塘要求低，适应性广，便于集中管理和控制，可集成饲料风送系统、远程监控系统、自动捕鱼系统、自动在线监测技术、可追溯系统等技术与系统，实现池塘智能化、工业化养殖。

第一节　鲤鱼的形态、分布、习性

不同的鲤鱼体形略有差异，多数体形近纺锤形，头部与尾部较中部细，自头后起，两侧逐渐趋于平扁，腹部圆，鳃盖后背鳍起点之前至腹面为身体最高点，由此向前和向后高度依次降低，尾柄长而低，头长略低于体高。口较大，端位或亚上位，呈弧形，由上下颌骨组成，伸缩自如。上下腭等长，无牙齿，但在最后一对鳃弓腹面部分具1～3行下咽齿（极少数4行），在咽齿和头骨腹面有一个角质垫，具研磨食物的作用。触须1～2对或无，2对触须的，位于吻端至口角之间，其中后触须较前触须长2～4倍。眼分布于头部两侧，大而圆，无眼睑。鼻孔位于眼前，每一个由软隔膜分成一大一小2个孔。鳃盖骨由多块骨片组成，鳃盖后缘具较厚的膜。鲤鱼体表分有鳞和无鳞（或少鳞）两类，有鳞类体表覆盖较大的圆鳞，鳞片具同心环线，呈覆瓦状排列，体两侧中部自鳃盖后缘到尾部有一行侧线鳞，鳞片上具侧线孔和孔道。背部中部具一背鳍，前部有2～4枚不分枝鳍条，最后1枚后侧具锯齿，后部为一些软的分枝鳍条；臀鳍与背鳍相似，只是不分枝鳍条为2～3枚；胸鳍和腹鳍均有2个，分布于体两侧，胸鳍位于下鳃盖骨后缘，腹鳍与背鳍相对，位置较前或较后；尾鳍呈叉形，少数平截或微凹。体色因不同水体略有变化，身体和头背部体色较深，腹部略淡。鲤鱼外部形态见图2-1。

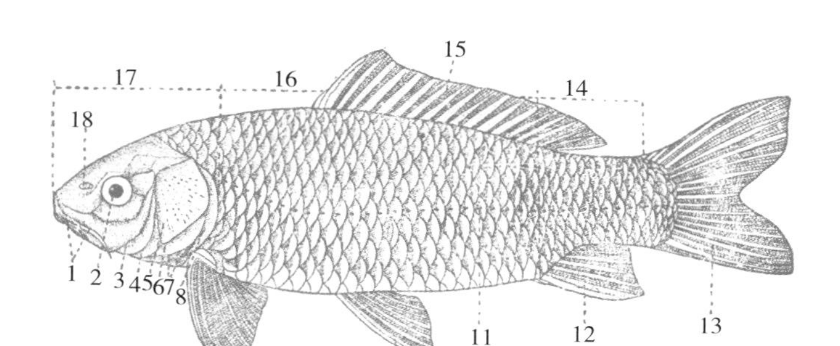

图 2-1 鲤鱼的外形

1. 触须 2. 眼 3. 前鳃盖骨 4. 间鳃盖骨 5. 鳃盖骨 6. 下鳃盖骨 7. 鳃盖骨条骨 8. 鳃盖瓣 9. 胸鳍 10. 腹鳍 11. 侧线 12. 臀鳍 13. 尾鳍 14. 尾部 15. 背鳍 16. 躯部 17. 头部 18. 鼻

（秉志，1960）

鲤鱼为底层鱼类，适应性很强，多栖息于底质松软、水草丛生的水体。冬季游动迟缓，在深水底层越冬。以底栖动物为主的杂食性鱼类，多食螺、蚌、蚬和水生昆虫的幼虫等底栖动物，也食相当数量的高等植物和丝状藻类。对食物要求不严，根据不同水体和不同季节而有所不同。性成熟年龄在我国一般南早北迟，通常 2 龄成熟，产卵季节也有地区差异，一般于清明前后在河湾或湖汊水草丛生的地方繁殖，分批产卵，卵黏性强，黏附于水草上发育。在南方地区，4—5 月是鲤鱼产卵旺季；我国东北地区比较寒冷，6 月鲤鱼才开始产卵。怀卵量变动幅度大，从 8 000 多粒至 200 多万粒不等。当水温在 25℃时，经 4 天便可孵出鱼苗。鲤鱼有很强的耐寒能力，在北方冬季的冰下水体里仍可越冬存活；鲤鱼耐低氧，成鱼在水中溶解氧低至 0.21 毫克/升、幼鱼在水中溶解氧低至 0.11 毫克/升时仍可存活；鲤鱼也能耐盐碱，在盐度为 2、pH 达 10.4 的情况下仍能存活。因而鲤鱼的适应性强，可在各种水域中生活，为广布性鱼类，并且生长速度较快、个体大。

鲤鱼的适应性强、苗种来源广，普遍作为池塘、网箱和流水养殖的对象，不少地区也把它们饲养于稻田，收益颇好。依群众的消费习惯，上市商品鲤鱼的个体重量以 0.5～1 千克为宜。

鲤为淡水经济鱼类，分布较广，在江河、湖泊、水库中均可生存。不同的鲤鱼品种甚至可以在同一水体中生活，如云南省洱海同时有杞麓鲤、厚唇鲤、大眼鲤、春鲤、洱海大头鲤、大理鲤 6 个品种。鲤鱼为杂食性鱼类，生长迅速，适应环境能力强，4～30℃均可存活，可以在我国不同地区淡水水域生长，因此具有多样化的养殖方式。

目前我国养殖的鲤鱼品种多为人工选育的新品种。特别是 20 世纪 70 年代后鲤鱼新品种选育工作取得显著进展，至 2019 年 9 月，经全国水产原种和良种审定委员会审定通过的鲤品种有 29 个，包括选育品种 18 个、杂交种 8 个、引进品种 3 个。其中建鲤（1996）、松荷鲤（2003）、豫选黄江鲤（2004）、松浦镜鲤（2008）、福瑞鲤（2010）、松浦红镜鲤（2011）、易捕鲤（2014）、津新鲤 2 号（2014）和福瑞鲤 2 号（2017）等新品种自形成品种以来，在我国鲤鱼主要养殖区得到了较好的推广，对鲤鱼产业发展起到了举足轻重的作用。

第二节　主要鲤新品种生物学特性简介

一、建鲤新品种生物学特性

建鲤（彩图 5）是 20 世纪 80 年代末由中国水产科学研究院淡水渔业研究中心科研人员以荷包红鲤和元江鲤杂交组合的后代作为育种的基础群，采用家系选育、杂交和染色体组工程技术（雌核发育）相结合的综合育种新工艺（图 2-2），经 6 代定向选育而育成的第一个遗传性状稳定的优良鲤鱼品种（FAO，2013）。1996 年通过全国水产原种和良种审定委员会的审定，成为首批通过审定、适合向全国推广的优良养殖品种，品种登记号为

GS-01-004-1996。

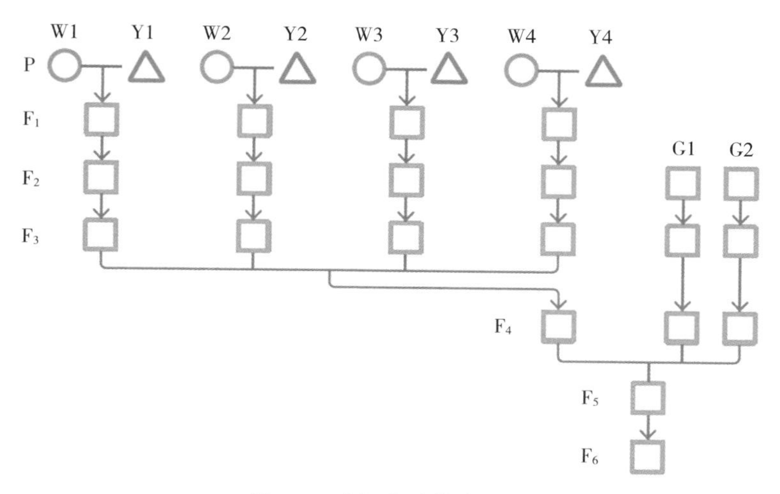

图 2-2 建鲤育种技术路线

W1、W2、W3 和 W4 为荷包红鲤雌鱼，Y1、Y2、Y3 和 Y4 为元江鲤雄鱼，G1 和 G2 为雌核发育系，P 为亲本，F_1～F_6 为育种代数

建鲤具有生长速度快、适应性强、抗病力强、易起捕以及能自繁自育、不需杂交制种、便于推广等优点。建鲤的生长速度比其他杂交鲤快 30%～40%，当年即可养成食用鱼。

二、松荷鲤新品种生物学特性

松荷鲤（彩图 7）亲本来源为黑龙江鲤、荷包红鲤和散鳞镜鲤。中国水产科学研究院黑龙江水产研究所首先进行三元杂交，用黑龙江鲤与荷包红鲤杂交，子代再与散鳞镜鲤杂交。选择具有抗寒能力和生长优势的纺锤形、全鳞青灰的个体进行性状稳定选育至 F_3，然后进行雌核发育并同黑龙江鲤回交。两者后代杂交后进行性状稳定而选育至 F_7，成为快速生长并且抗寒的松荷鲤新品种（图 2-3），于 2003 年通过全国水产原种和良种审定委员会审定，品种登记号为 GS-01-002-2003。

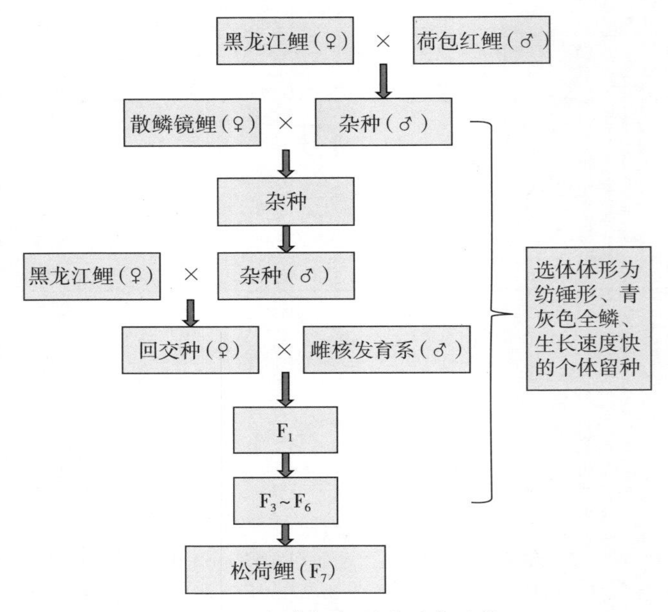

图 2-3　松荷鲤新品种选育路线

松荷鲤体形为纺锤形，侧扁，头后背部隆起，头较小。口亚下位，呈马蹄形，上颌包着下颌，吻圆钝、能伸缩，体被较大的圆鳞，除位于体下部和腹部的鳞片外，鳞片的边缘都有暗色环。体色通常青灰色，体色亦随栖息环境不同而有所变化。背部通常灰黑色，体侧金黄色，腹部白色。背鳍和尾鳍上叶与背部色同，臀鳍和尾鳍下叶橙红色。

松荷鲤又名高寒鲤，冰下自然越冬存活率达 97%以上，在黑龙江、吉林等低温地区可以安全地度过长达 6 个月的冰下冬季。生长速度快，1、2 龄鱼相对增重和群体产量比对照鱼黑龙江鲤分别高 50%、60%以上。适应性强，易驯化。1、2 龄鱼池塘饲养成活率都在 95%以上。抗逆性强，在寒温带、暖温带等气候条件下都能生长。全国各地均可养殖，特别适于黑龙江、辽宁、吉林等北方地区，养殖面积超过 6 万公顷（石连玉等，2016）。松荷鲤养殖技术视频见网址 http：//v. qq. com/x/page/10143ujasjn. html。

三、豫选黄河鲤新品种生物学特性

豫选黄河鲤（彩图 9）亲本来源为野生黄河鲤，河南省水产科学研究院利用最佳线性无偏预测（BLUP）技术结合生长相关基因分析选育技术，每代选择压力 0.25%～0.4%，选育至 F_8，育成新品种，于 2004 年通过全国水产原种和良种审定委员会审定，品种登记号为 GS-01-001-2004。

豫选黄河鲤体形呈梭形，体侧鳞片金黄色，背部稍暗，腹部色淡而较白；臀鳍、尾鳍橘黄色；该品种金鳞赤尾、肉质细嫩鲜美，子代的红体色、不规则鳞表现率已降至 1%以下，生长速度比选育前提高了 36%以上，饲料转化率高（提高 10%），适宜在黄河流域养殖。豫选黄河鲤已在河南、内蒙古、陕西、山东、山西等省份进行中试与推广。豫选黄河鲤养殖技术视频见网址 http：//v. qq. com/x/page/f019lylbcxf. html。

四、松浦镜鲤新品种生物学特性

松浦镜鲤（彩图 11）的亲本来源为德国镜鲤选育系 F_4。德国镜鲤选育系 F_4 为 1985—1995 年德国镜鲤引进后经过 4 代选育成的适合我国池塘养殖条件的新品种（图 2-4）。中国水产科学研究院黑龙江水产研究所自 1998 年开始又对其继续进行强化选育，采用多性状复合群体选育结合 DNA 分子标记和电子标记等育种新方法，以背部高厚、生长速度快、繁殖力强、体表无鳞作为选育指标，到 2007 年选育至 F_7，定名为松浦镜鲤，于 2008 年通过全国水产原种和良种审定委员会审定，品种登记号为 GS-01-001-2008。

松浦镜鲤俗称框镜、裸镜。体侧扁而高，头后背部明显隆起。头较小，眼较大，吻钝而圆，口亚下位，马蹄形，上下腭可伸缩。体表无鳞或少鳞，个别个体仅在各鳍基部、头后有少数较

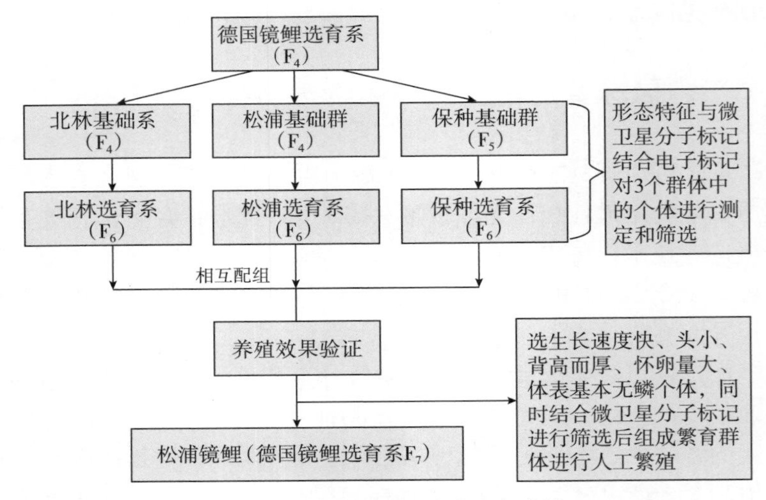

图 2-4　松浦镜鲤新品种选育路线

大鳞片。侧线平直，多数不分枝，个别个体有较短的分枝。尾柄短而宽。体色因不同水体略有变化，体侧至背部棕褐色，腹部浅白黄色。

松浦镜鲤具有少鳞或无鳞、生长速度快、饵料系数低的优点，与选育前相比，1 龄和 2 龄较选育前生长速度均提高 30%以上，饵料系数分别降低 12.59%和 7.30%，减少了饲料的使用量，降低了能耗，养殖过程中减少了氮等排放，大大改善了养殖水域的生态性能；并且其繁殖力较选育前明显提高，3 龄和 4 龄的平均相对怀卵量分别增加了 56.17%和 88.17%，减少了亲本群体的养殖量，节约了水域面积，降低了能耗，具有很好的生态效益；同时该品种与其他鲤鱼品种相比体表无鳞，不仅易于屠宰，较厚的鱼皮还含有丰富的胶原蛋白及微量元素，是女性养颜佳品。“十一五”“十二五”期间该品种为农业部的主推品种，适合在我国可控淡水温水性水域养殖，绿色高效养殖模式多为采用生态浮筏、种稻浮床和微生态制剂、流水槽、套养鲢和鳙、定期泼洒和定期施用 EM 菌等。目前已推广到全国 23 个省份，苗年产量可达上亿尾，应用面积超过 13 万公顷（石连玉等，2016）。松浦镜鲤养殖技术视频见网址 http：//sannong.cntv.cn/program/nongguangtd/20111113/106260.shtml。

五、福瑞鲤新品种生物学特性

福瑞鲤（彩图 12）是中国水产科学研究院淡水渔业研究中心以建鲤和野生黄河鲤为基础选育群体，借助 PIT（passive integrated transponder，被动整合雷达）标记技术，运用数量遗传学 BLUP 分析和家系选育等综合育种新技术，以生长速度为主要选育指标，经 1 代群体选育和连续 4 代 BLUP 家系选育获得的鲤新品种。该品种于 2010 年通过全国水产原种和良种审定委员会审定，获得水产新品种证书，品种登记号为 GS-01-003-2010。

具体选育过程为在群体选育的基础上，每代设计配对 80～90 个选育家系和 20 个对照家系（实际可生产 60～85 个选育家系和 12～19 个对照家系），各家系的鱼苗早期在不同的网箱中隔离培育，每个网箱中鱼苗的数量逐步由 5 000 尾调整到 100 尾，当鱼苗长至 10 克左右时，每个家系取 50 尾鱼进行 PIT 标记，同时测量每尾鱼的体重、体长、体高和体厚等数据。标记好的鱼在室内水泥池暂养 3～5 天后，全部放入室外的一个 5 亩土池中进行培育。养至成鱼后，起捕并测量每尾鱼的数据。根据 BLUP 法运用软件设计适宜的动物模型，以体重为主要指标，对各个家系中的鲤鱼个体的育种值进行估算。将雌、雄鱼按育种值从高到低排序，选取育种值排名靠前并且亲缘关系较远（近交系数较小）的雌、雄鱼各 90 尾，设计下一代选育系的亲本配对方案，同时选取接近平均育种值且亲缘关系较远的雌、雄鱼各 20 尾，作为下一代对照系的亲本。按得到的亲本配对方案建立下一代的家系，进行下一代选育（图 2-5）。

福瑞鲤生长速度快，比普通鲤鱼提高 20%以上，比建鲤提高 13.4%。体形较好，体长/体高约 3.65。适宜在全国淡水水域内进行人工养殖（全国水产技术推广总站，2011；FAO，2016）。

福瑞鲤养殖技术视频见网址 http：//tv.cntv.cn/video/C10391/7e4a01eb8aab470095a720c56907b537。

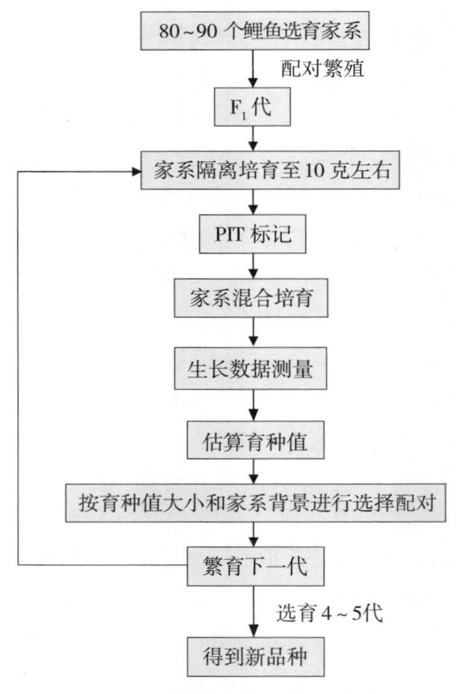

图 2-5　福瑞鲤育种技术路线

六、松浦红镜鲤新品种生物学特性

松浦红镜鲤（彩图 13）亲本来源为 20 世纪 70 年代初由江西省婺源县荷包红鲤鱼种场引进的荷包红鲤，以及 1958 年从苏联引进，经黑龙江水产研究所培育的散鳞镜鲤选育系。中国水产科学研究院黑龙江水产研究所通过荷包红鲤和散鳞镜鲤杂交，从后代中选择红色散鳞的个体进行自交，继续选育至 F_6，性状稳定，命名为松浦红镜鲤（图 2-6），于 2011 年通过全国水产原种和良种审定委员会审定，品种登记号为GS-01-001-2011。

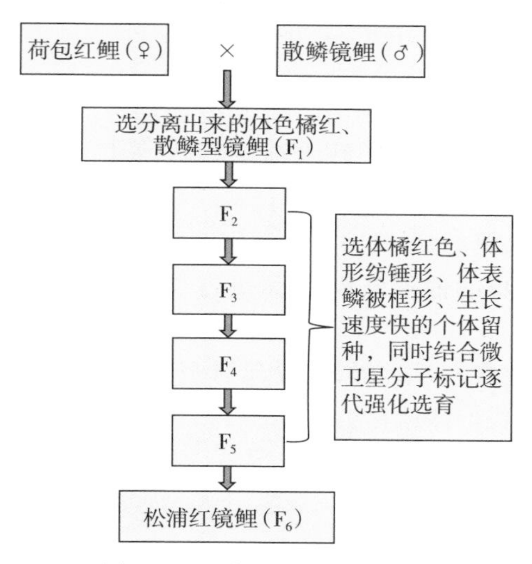

图2-6 松浦红镜鲤选育路线

松浦红镜鲤因体色红色，具一圈框鳞，形似古代钱币，又取名红金钱。该品种与亲本相比体形略长，鳞被与德国镜鲤选育系相似，头部至尾鳍有一行背鳞，鳃盖后缘、腹鳍基部及尾鳍基部有少数不规则大鳞片，其他部位裸露。体侧扁，头后背部稍隆起。头较小，眼较大，吻钝而圆，口亚下位，马蹄形，上下颌可伸缩。侧线较平直。体色橘红色，个别头后背部呈浅灰黑色（石连玉等，2016）。

松浦红镜鲤与荷包红鲤相比，1、2龄鱼个体平均净重分别提高22.32%和54.07%，成活率分别提高12.93%和12.15%，越冬成活率分别提高9.27%和8.55%。其体色橘红，个体大，集观赏、食用于一体，既适合在公园等大型水体中放养和游钓，又可用于节日、婚庆食用，增加喜庆气氛，深受广大消费者的喜爱。目前松浦红镜鲤已被推广到黑龙江、吉林、辽宁、四川、河南、天津、内蒙古、广西、宁夏等省份，养殖前景广阔。松浦红镜鲤养殖技术视频见网址 http：//tv. cntv. cn/video/C10391/ccaf75f82abb4c2c8d4b724fleo6e5c7。

七、易捕鲤新品种生物学特性

易捕鲤(彩图 15)是我国第一个以易起捕特性为选育目标进行选育的鲤鱼新品种(全国水产技术推广总站,2015)。亲本来源为大头鲤、黑龙江鲤和散鳞镜鲤。中国水产科学研究院黑龙江水产研究所育种团队利用大头鲤的易捕性、黑龙江鲤的抗逆性和散鳞镜鲤的快速生长特性,通过鲤鱼的种质再塑技术,进行复合杂交[(大头鲤♀×散鳞镜鲤♂)♀×(黑龙江鲤♀×散鳞镜鲤♂)♂],后代♀再与大头鲤♂回交,获得 F_1 作为选育基础群体,以起捕率为主要目标,结合成活率和生长速度,经逐代群体选育至 F_4,之后结合现代生物技术手段进行强化选育到 F_6,各项指标均已稳定,定名为易捕鲤(图 2-7)。2014 年通

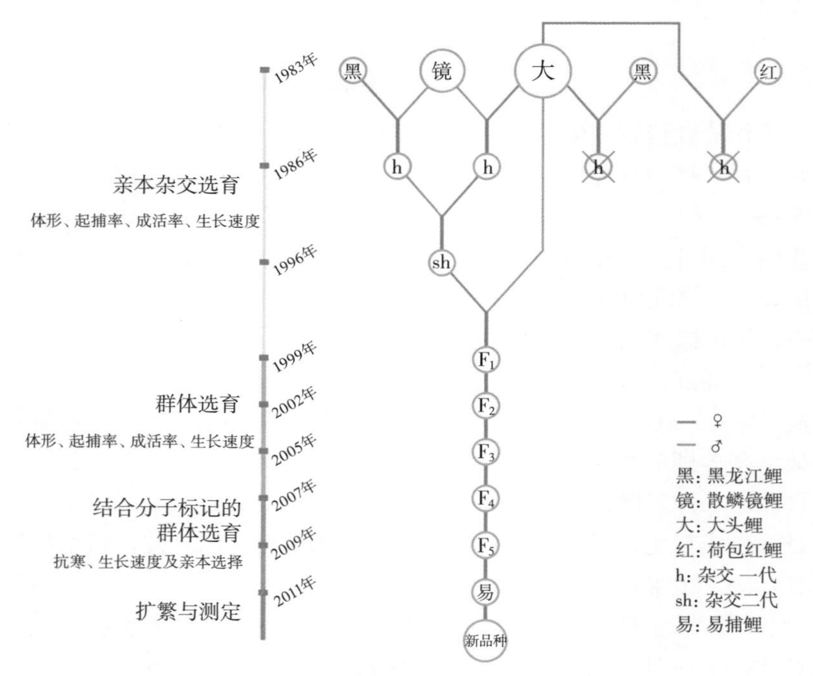

图 2-7 易捕鲤新品种选育路线

过全国水产原种和良种审定委员会审定，品种登记号为 GS-01-002-2014。

易捕鲤体形呈纺锤形，侧扁，腹部圆，鳃盖后背鳍起点之前为身体最高点，尾柄长而低，头长略低于体高。口较大，端位，呈弧形。上下颌等长，须短小，上颌须更短或无，体表覆盖较大的圆鳞，除体下部和腹部的鳞片外，其他鳞片的边缘均有暗色环。侧线平直。体色因不同水体略有变化，身体和头背部呈青灰色，腹部银白色，尾鳍下叶呈淡橘黄色。

易捕鲤多活动于水面中上层，具有高起捕率的优良特性，测试结果显示：在水深 1 米的鱼塘，两网的起捕率，1 龄鱼为 93.41%，较黑龙江鲤和松浦镜鲤分别高 113.42%和 38.74%；2 龄鱼为 96.49%，较黑龙江鲤、松浦镜鲤和松荷鲤分别高 96.73%、56.06%和 71.29%。易捕鲤 1、2 龄鱼的平均饲养成活率分别为 95.91%和 96.93%，分别比大头鲤高 29.72%和 11.20%，与黑龙江鲤、松浦镜鲤、松荷鲤无显著差异；1、2 龄鱼的平均越冬成活率分别为 95.31%和 97.08%，显著优于无法在北方冰下越冬的大头鲤。易捕鲤高起捕特性使其适合在全国各地的人工可控的大水面进行养殖，解决了大水面鲤鱼不易捕捞的问题，进一步提高了大水面的利用率。同时在鲤池塘养殖生产过程中，特别是高温或低温季节，在不排或少排水的情况下，捕获大量鲤商品，达到减小劳动强度和节约能耗的目的。并且易捕鲤鳃耙数量显著多于其他鲤鱼，能摄食部分浮游动物，饲料系数较低，养殖过程中氮排放减少，大大改善了养殖水域的生态环境。目前已在国内 10 余个地区进行养殖，提高了广大养殖户的养殖效益，应用效果显著。

八、津新鲤 2 号新品种生物学特性

津新鲤 2 号（彩图 16）由天津市换新水产良种场选育而成，杂交亲本来源：1998 年天津市水产技术推广站从俄罗斯引进的乌克兰鳞鲤，后换新水产良种场将其选育形成乌克兰鳞鲤选育系

(F_4)，作为母本；将 1988 年从中国水产科学研究院淡水渔业研究中心引进的建鲤选育出津新鲤选育系（F_3），作为父本（图 2-8）。杂交后代即为津新鲤 2 号，于 2014 年通过全国水产原种和良种审定委员会审定，品种登记号为 GS-02-006-2014。

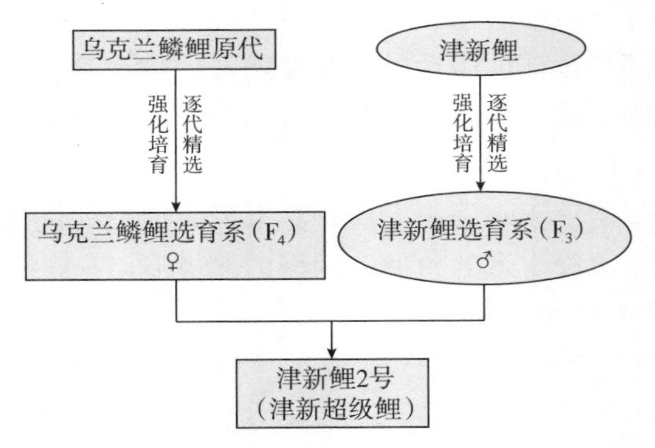

图 2-8　津新鲤 2 号的亲本选育及制种工艺流程

津新鲤 2 号又名津新超级鲤。鱼体健壮丰满，体长体高适中，富有鲜艳感，全身被鳞规则整齐，侧线鳞清晰，头后稍弯曲，腹部至尾柄平直。体侧扁，呈纺锤形，背部微隆起，尾柄侧扁，胸腹部较平直。头小，眼适中，吻圆钝，口亚下位，马蹄形，能伸缩。口须 2 对。体色随环境变化而变化，通常情况下，背部青灰，下腹及腹部银白，尾柄部下方呈杏黄色，胸鳍浅灰，腹鳍呈微乳黄，臀鳍乳黄，边末端杏黄，尾鳍上叶青灰、下叶橘黄。

津新鲤 2 号 1 龄鱼生长速度比父本平均快 49.61%，比母本平均快 22.81%；2 龄鱼生长速度比父本平均快 24.13%，比母本平均快 14.93%。耐低温，可在冰下 0.8 米的水体中安全越冬；耐低氧，可在溶解氧 1.0 毫克/升以上的水体中存活；饲养成活率高，鱼种到商品鱼阶段的饲养成活率达 98%以上。饲料系数低，仅为 1.1～1.3。适合在我国可控淡水温水性水域养殖，养殖模式为微生态制剂等绿色高效养殖模式。目前已推广到全国 10 余个省份，苗种年产量可达上亿尾（全国水产技术推广总站，2015）。

九、福瑞鲤 2 号新品种生物学特性

福瑞鲤 2 号（彩图 17）采用的选育技术与福瑞鲤相同，即采用基于数量遗传学 BLUP 分析和家系选育相结合的综合选育方法（图 2-9），但在育种基础群体和选育指标上有所不同。福瑞鲤 2 号是以建鲤、黄河鲤和黑龙江野鲤为原始亲本，通过完全双列杂交建立自交、正反交家系构成选育基础群体，以生长速度和成活率作为主要指标进行多性状选育，运用 BLUP 分析获得个体的估算育种值，将育种值大小和家系背景作为下一代亲本选配的标准，经过连

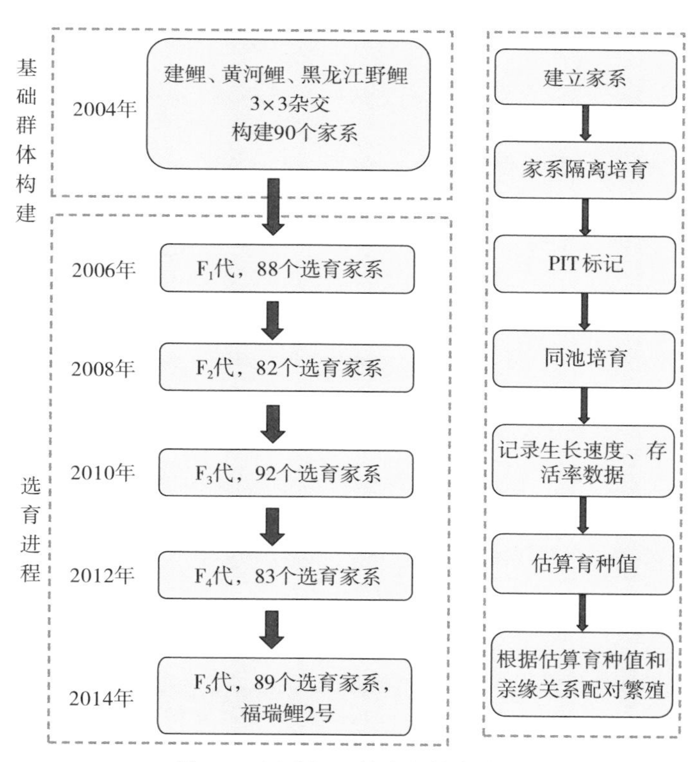

图 2-9　福瑞鲤 2 号选育技术路线

续5代选育而成（全国水产技术推广总站，2018）。

福瑞鲤2号具有生长速度快、成活率高和体形好等优点。在相同条件下，福瑞鲤2号的生长速度比同龄普通养殖鲤鱼提高22.87％、比福瑞鲤提高10.53％。福瑞鲤2号存活率比同龄普通养殖鲤鱼提高6.48％、比福瑞鲤提高6.18％。福瑞鲤2号的体长/体高为3.63，为深受养殖户和消费者喜爱的长体形。福瑞鲤2号的原始亲本除了建鲤和黄河鲤外，还引入了黑龙江野鲤，这使得福瑞鲤2号具有更好的抗寒力及越冬存活率，提高了其适应性，使其适宜在全国各地人工可控的淡水水体中养殖。

第三章 鲤鱼绿色生态养殖技术

鲤鱼肉质鲜美，营养丰富，深受消费者喜爱。水产养殖业产业化、规模化的快速发展使得鲤鱼池塘养殖面积和养殖规模不断增加。随着我国社会经济的不断发展，人们的生活水平得到快速提升，人们对于食品安全以及食品质量有了更多关注。应用绿色生态养殖技术能够提升养殖食品的品质，满足人们对于食品的需求，也能够使淡水产品的市场得到稳定的增长，促进我国淡水养殖相关产业的持续发展。

第一节　绿色生态养殖场选址与构建

一、自然条件

（一）环境条件

养殖地区域内及上风向、水源上游没有对产地环境构成威胁的污染源（包括工业“三废”、医疗机构污水及废弃物、城市垃圾和生活污水等）。

应充分考虑当地的水文、水质、气候等因素，充分勘查了解规划建设区的地形、水利等条件，结合当地的自然条件决定养殖场的建设规模、建设标准，并选择适宜的养殖品种和养殖方式。构筑物的设计建设应考虑洪涝、台风等灾害因素的影响。

（二）水源水质条件

水质对于养殖生产影响很大，养殖用水的水质必须符合《渔业水质标准》（GB 11607）规定。对于部分指标或阶段性指标不符合规定的养殖水源，应考虑建设水处理设施，并计算相应设施设备的建设和运行成本。

利用河水作为水源时需要考虑是否筑坝拦水；利用山溪水流时要考虑是否建造沉沙排淤等设施；采用湖泊水或水库水作为养殖水源，要考虑设置防止野生鱼类进入的设施，以及周边水环境污染可能带来的影响；使用地下水作为水源时，要考虑供水量是否满足养殖需求，一般要求在10天左右能够把池塘注满。

（三）池塘土壤与底质条件

已建池塘，其底质应无工业废弃物和生活垃圾，无大型植物碎屑和动物尸体。底质无异色、异臭，自然结构。池塘底质有毒有害物质最高限量应符合《农产品安全质量　无公害水产品产地环境要求》（GB18704.4）的规定。

沙质土或含腐殖质较多的土壤保水力差，做池埂时容易渗漏、崩塌；含铁质过多的赤褐色土壤浸水后会不断地释放出赤色浸出物，对鱼类生长不利；pH 低于 5 或高于 9.5 的土壤对鱼生长不利。如在以上类别地区修建池塘，则需要采取工程措施，如护坡等必要的保护或改良措施。

二、设施设备

养殖场需要有良好的道路、电力、通信、水处理等基础条件。

鱼苗繁育是规模养殖场养殖鲤鱼的一项重要工作。对于一般养殖场，可利用鱼苗池进行鲤鱼的产卵、孵化和育苗。对于以鱼苗繁育为主的水产养殖场，可建设适当比例的产卵设施、孵化设施、育苗设施等。

鲤鱼养殖生产需要一定的机械设备。机械化程度越高对养殖生产的作用越大。目前主要的养殖生产设备有增氧设备、投饲设备、排灌设备、底泥改良设备、水质监测调控设备、起捕设备、动力运输设备等。可根据养殖规模适当选配。

三、智能管理系统

通过在渔业养殖现场布置水质 pH、水温、溶解氧、氨离子浓度等传感器以及无线数据采集器和控制器，管理者在任何可上网的地方都能通过手机或者电脑实时掌控和管理养殖现场环境。用户可实时查看现场的水质数据情况（系统在测量数据超过正常范围时可以自动报警），可远程控制投饵、增氧、发电等设备。根据养殖种类，通过自动、定时或手动等不同方式实现养殖环境的有效调节。智能管理系统可使用户实时视频监视养殖场现场，远程监控设备运行。

基于这种管理方式，养殖园区管理员无需到现场，通过本系统可随时随地掌握养殖场内鱼类的生长情况和生产情况，实现水体环境监测与部分调节，以及鱼类喂养的远程操控与统一管理（图 3-1），

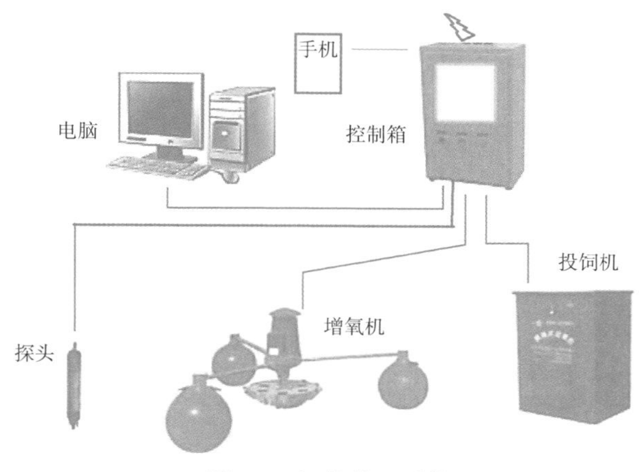

图 3-1　智能管理系统
（徐皓等，2016）

可极大地提高生产效率，节省人力成本，实现养殖的精准控制，提高产量和质量。

四、养殖场布局

养殖场布局规划应本着“以渔为主，合理利用”的原则（图3-2）。养殖场的布局结构一般分为养殖区、办公生活区、水处理区等。

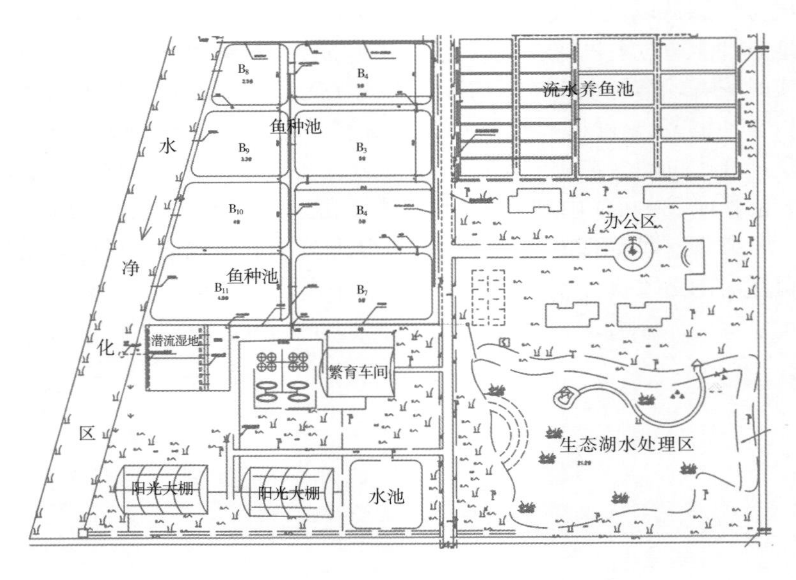

图3-2 一种水产养殖场布局规划示意图

（一）池塘形态

池塘形状主要取决于地形、品种等要求。池塘一般为长方形（图3-3），也有圆形、正方形、多角形的。长方形池塘的长宽比一般为（2～4）：1，池底的坡度一般为1：（200～500）。面积较大的池塘一般应在底部开挖排水沟，池底向排水沟处倾斜。

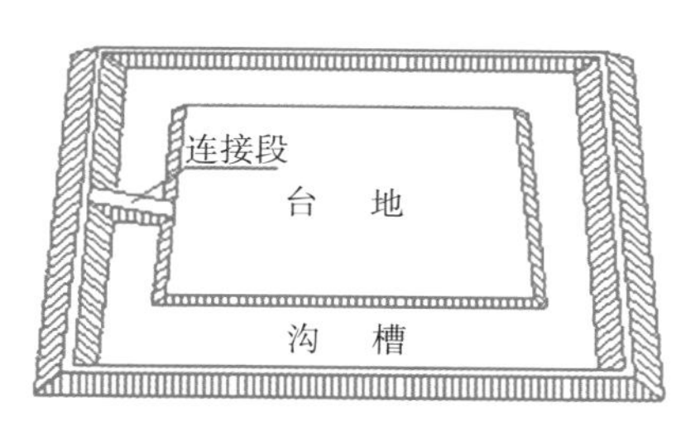

图 3-3 “回”字形鱼池示意图
（徐皓等，2016）

（二）面积、深度

池塘的面积取决于养殖模式、品种、池塘类型/结构等（表 3-1）。面积较大的池塘建设成本低，但不利于生产操作，进排水也不方便。面积较小的池塘建设成本高，便于操作，但水面小、风力增氧、水层交换差。

池塘水深是指池底至水面的垂直距离，池深是指池底至池堤顶的垂直距离。池埂顶面一般要高出池中水面 0.5 米左右。

深水池塘一般是指水深超过 3 米的池塘，深水池塘可以增加单位面积的产量、节约土地，但需要解决水层交换、增氧等问题。

表 3-1 不同类型池塘规格参考

类型	面积（米^2）	池深（米）	长：宽	备注
鱼苗池	600～2 000	1.5～2.0	2∶1	可兼做鱼种池
鱼种池	2 000～3 000	2.0～2.5	(2～3) ∶1	
成鱼池	3 000～10 000	2.5～3.5	(3～4) ∶1	
亲鱼池	2 000～4 000	2.5～3.5	(2～3) ∶1	应接近产卵池
越冬池	1 300～6 600	3.0～4.0	(2～4) ∶1	应靠近水源

（三）池埂、护坡

池埂基面宽度应根据土质情况和是否护坡等确定，以 2.0～

8.0 米为宜；池埂的坡比以 1∶（1.5～3）为宜（图 3-4）。

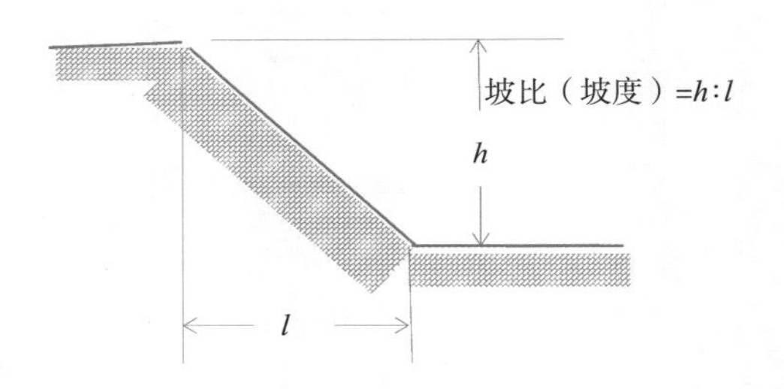

图 3-4　塘埂坡比示意图

对于土埂池塘，应在进排水口、饲料台附近采取护坡措施。常用的护坡方式有水泥预制板护坡、混凝土现浇护坡、土工膜护坡（图 3-5）等。

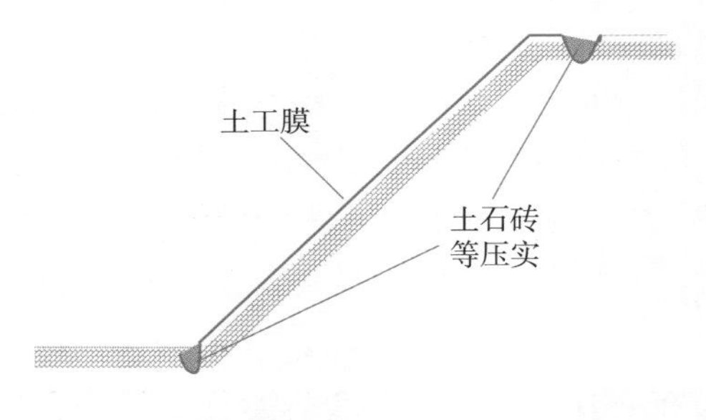

图 3-5　一种防渗土工膜护坡示意图

（四）进排水

新建养殖场的进排水系统还应充分考虑场地的具体地形条件，尽可能采取一级动力取水或排水，合理利用地势条件设计进排水自流形式，降低养殖成本。

养殖场的进排水渠道一般应与池塘交替排列，池塘的一侧进水、另一侧排水，使得新水在池塘内有较长的流动混合时间（图 3-6、图 3-7）。

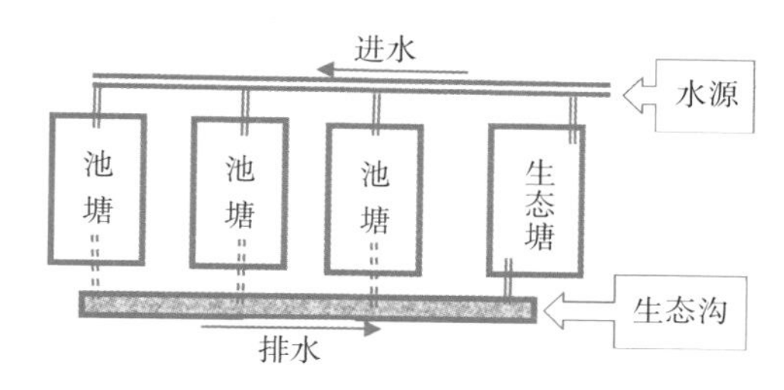

图 3-6 生态养殖场水循环流程示意图
（徐皓等，2016）

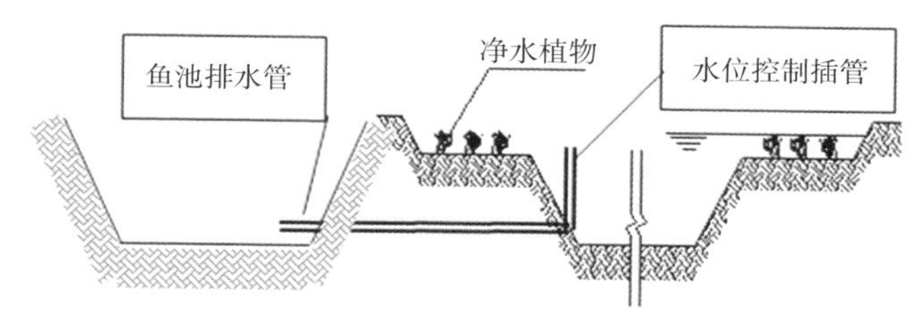

图 3-7 一种鱼池排水方式示意图
（徐皓等，2016）

（五）水处理区

养殖排放水应进行生态处理循环使用或达标排放。

生态处理方式有生态沟渠、生态浮床、人工湿地、生态塘等形式。

1. 生态沟渠

生态沟渠，即在渠道底部种植沉水植物、放养螺蚌类等，在渠道周边种植挺水植物，在开阔水面上放置生态浮床，在水体中放养滤食性水生动物，在渠壁和浅水区增殖着生藻类等，也可在沟渠内布置生物填料，如立体生物填料、人工水草、生物刷等，利用这些生物载体附着微生物，对养殖水体进行净化处理。生态沟渠的设置方案因地制宜（彩图 26），一般每亩养殖区的生态沟渠长度不小于7 米。

2. 生态浮床（生态浮岛）

生态浮床是以水生植物为主体，运用无土栽培技术原理，利用物种间共生关系、水体空间生态位和营养生态位，建立高效的人工生态系统，以削减水体中的污染负荷。由四个部分组成，即框架、植物浮床、水下固定装置及水生植物。框架可采用竹、木条、芦苇帘、藤条等材料；植物浮床由高分子轻质材料制成；浮岛上植物可选择各类适宜的陆生植物和湿生植物（彩图 27）。

鱼种培育池的浮床架设面积为池塘总面积的 5%左右，成鱼养殖池塘的浮床架设面积为池塘总面积的 7.5%左右。

3. 人工湿地

人工湿地是一种人为地将石、沙、土壤、煤渣等一种或几种介质按一定比例构成基质，并选择性地植入植物的水处理生态系统（图 3-8）。人工湿地的主要组成部分为人工基质、水生植物、微生物。人工湿地可以由潜流湿地、表面流湿地、复氧池等组成，人工湿地与养殖池的比例可为 1∶（7～10）。

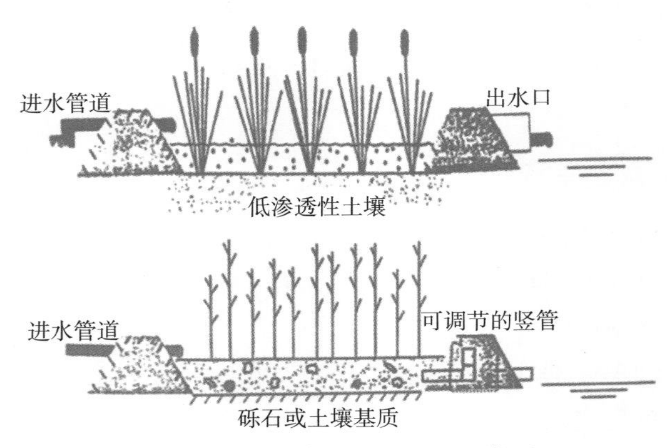

图 3-8　两种水处理人工湿地类型
上：表面流人工湿地　下：潜流人工湿地
（陆健健等，2006）

4. 生态塘

生态塘是一种利用多种生物进行水体净化处理的池塘（彩图 28）。塘内种植水生植物，以吸收净化水体中的氮、磷等营养盐；通过放养滤食性鱼、蚌等吸收养殖水体中的碎屑、有机物等。生态

塘的动植物配置应有一定的比例，符合生态原理要求。

利用生态塘净化养殖池塘水体时，生态塘与养殖池的适宜比例为1∶（3～7）。

第二节　鲤鱼繁殖技术

一、亲鱼选择与培育

（一）亲鱼来源与选择

亲鱼的来源应是持有国家或省发放的鲤鱼原（良）种生产许可证的原（良）种场生产的鲤鱼苗种，经专门培育成的亲鱼。

选择亲鱼时要按照鲤鱼的种质标准，选择体形好、活动力强、无病、无伤的个体。

用于繁殖生产的亲鱼年龄一般为2～10龄，最适年龄为3～6龄，体重1.0千克以上。

（二）亲鱼培育

产卵前雌、雄亲鱼宜分开饲养，密度可为每亩300～500千克，并搭配200尾10厘米以上的鲢、鳙鱼。保持水质清新，溶解氧充足，避免浮头现象。日投喂量可为鱼体重的2%～5%，根据水温及鱼的摄食强度及时调整。

二、人工繁殖技术

（一）产卵前的准备

1. 产卵池准备

产卵池面积1～3亩，根据亲鱼数量和繁殖规模而定。可注水深0.8～1.2米。规模化繁育场宜建设温室，内设水泥池（或玻璃钢水槽、帆布水槽、塑料缸），面积 16～32 米^2，并可兼做孵化、育苗池。池上搭遮阳网，可根据天气情况及时调节光照、水温。配增氧、投饵等设备。

产卵池用前应严格清池、消毒。然后注入新水，并注意在注水口加密网过滤，以防野杂鱼和敌害生物等进入池内。

当春季水温连续 3 天高于 18℃，之后 10 天以上没有冷空气（降温）的时候（温室内培育可忽略此项，但如果在室外育苗则应注意），即可将经过选择的亲鱼按 1∶1 的雌、雄比例放入产卵池中，辅以晒背、微流水刺激，以促其发情产卵。每平方米可放养 2～5 尾。

2. 鱼巢的制备与设置

用作鱼巢的材料有金鱼藻（彩图 29）、穗状狐尾藻（彩图 30）、聚草、轮叶黑藻、杨柳根须、棕榈皮、生麻丝、聚乙烯丝和聚乙烯网片等，也有商品化生产的黏性鱼卵孵化用毛刷式鱼巢。

（1）鱼巢材料　①棕榈皮、柳树根须、生麻丝、聚乙烯丝等用前要先经过煮沸处理，晒干，除去单宁酸等有毒害的物质，撕散成片，剪去硬边，中间几根横丝结绳，吊在竹竿或草绳上，间隔 20～30 厘米。鱼巢的准备数量以每尾雌鱼 40～60 个为宜。②水草在使用前，为避免带有寄生虫或病菌，应先把材料放入 2%的盐水中浸泡 30 分钟，接近产卵前投放到扎好的框架内（彩图 31）。③聚乙烯（尼龙等）网片一般用于人工授精着卵。网片的大小可根据孵化场所环境条件而定，并便于生产操作。在水泥池孵化时，可把 60 目尼龙网布敷在长 100 厘米、宽 50 厘米的金属框架上，每两个框架之间用合页连接成似屏风的形状，便于支撑立于水中。每个孵化网可附着受精卵 10 万～15 万粒。

（2）鱼巢布置方式　生产上常采用的鱼巢布置方式有平列式、环列式和悬吊式等（彩图 32～彩图 33）。以平列式布置鱼巢时，一般是将竹竿沉入水面下 10～15 厘米处，使鱼巢呈漂浮状态，竹竿间的距离以鱼巢末梢能相互连接为度。

（二）人工催产

1. 催产方法

根据亲鱼的成熟度，一般雌亲鱼每千克体重使用绒毛膜促性腺激素 400～1 200 国际单位，或促黄体素释放激素类似物 2～5 微克，或鲤鱼脑垂体 2～5 毫克，或 2～3 种催产药物合用；雄鱼的使用剂量减半。

绒毛膜促性腺激素、促黄体素释放激素类似物用 0.7%生理盐水溶解注射，鲤鱼脑垂体于研钵中研碎后再用生理盐水调制成悬浊液注射。每千克亲鱼注射 0.5～1 毫升生理盐水配制的催产素即可。对性腺成熟较好的雌亲鱼，一般采取一次注射法，注射时间以 15:00—17:00 为宜，注射部位为胸鳍基部凹陷处，倾斜 45°注入鱼体内（彩图 34），针尖刺入鱼体内 1.0～1.5 厘米；或挑开背鳍基部鳞片进行肌内注射。

2. 自然产卵

注射催产剂后的雌、雄亲鱼按 1∶1 的比例放入混合产卵池。可注新水以流水刺激，有利亲鱼发情产卵。鱼巢应在催产的晚上放入产卵池。鲤鱼一般在凌晨至 9:00 产卵，故应经常观察产卵情况，及时将附卵均匀、有一定密度的鱼巢移入孵化池，同时补充新鱼巢。

3. 人工授精

在催产后的产卵池放一组鱼巢，起到引诱发情和检查产卵的作用。当发现鱼巢上有一些卵后，拉网检查池内亲鱼，发育良好即将产卵的亲鱼挑出。授精前，先将盛卵容器擦净，准备好鱼巢或脱黏器材。人工授精时，将近于发情的亲鱼捕起麻醉［鱼安定（MS-222）或丁香酚］，一人固定头部，用手堵住生殖孔，防止雌、雄鱼的卵子和精子流出。另一人握住尾柄，用干毛巾轻轻拭去鱼体表的水分，用手挤压雌鱼的腹部将卵挤入干净无水分的器皿内（油性的塑料盆或者瓷盆），每次操作 2～3 尾，收集 20 万～40 万粒卵。然后用同样的方法将精液挤于鱼卵之上（或用吸管吸取精液，滴在卵上），加少量生理盐水后用羽毛轻轻搅拌 20～30 秒，以使精子和卵子充分接触。将鱼巢放入盛水的容器（大盆等）或水泥池底部，将卵均匀洒在鱼巢上，依靠受精卵自身的黏性附着在孵化网（鱼巢）上（彩图 35）。然后将着卵鱼巢放入静水池塘中孵化，也可脱黏后放入流水孵化设施中孵化。

第三节　鱼卵孵化技术

一、静水池塘自然孵化技术

池塘要求水深 0.7～1 米，面积 1～5 亩，底泥厚 10～20 厘米。需提前 15～20 天用生石灰或漂白粉清塘，以消灭野杂鱼和有害生物等。

黏附卵的鱼巢可挂在池塘避风向阳、离水面 10～15 厘米的水体中（图 3-9），如遇气温突然下降，应将鱼巢沉到水深处。

图 3-9　静水池塘自然孵化

刚孵出的鱼苗尚无活动能力，多附着在鱼巢上，并以自身的卵黄囊为营养，因此不可将鱼巢取出，否则会使鱼苗沉入池底而易窒息死亡。2～3 天后鱼苗卵黄囊基本消失，鱼苗能自动游离鱼巢时，才可将鱼巢取出。

二、水泥池自然孵化技术

水泥池自然孵化时，水泥池应设进排水口，能 24 小时不间断供水，配备充气增氧装置（一般可用涡轮鼓风机）。孵化时，可将黏附卵的尼龙网框架鱼巢两两相扣成一定角度，没入孵化池水中孵化（彩图 36），每平方米放卵 10 万～15 万粒。保持水中溶解氧 5 毫克/升以上，孵化水温度在 18～25℃，pH 为 6.5～8.0。每天用“水霉净”浸泡孵化网（鱼巢）30 分钟，预防水霉病。孵化过程每天换水 1/4～1/3。

待鱼苗平游，在卵黄囊未消失之前用专用水花拉网集鱼，移入水花网箱中，计量销售，或放入鱼苗池培育。收集方法：可用 100 目筛绢拉网，也可从排水口用集苗箱接苗。

三、网箱自然孵化技术

用 60 目筛绢制成网箱，可根据孵化量的大小和孵化场的条件决定网箱的大小。一般为尼龙网布制成的 10 米×1 米×1 米的敞口网箱。

网箱应设置在水质清新的池塘中（彩图 37），孵化前池水应消毒。网箱内需配备充气装置，将气泡石放在孵化网箱的底部，通过软管接鼓风机给受精卵充气增氧。受精卵的密度一般可按每立方米 10 万粒卵左右计算。

孵化期间应定时刷洗网箱，使网箱内外水流能够交换。

四、脱黏流水孵化技术

（一）鱼卵脱黏方法

受精卵脱黏的方法目前采用较多的是泥浆水脱黏法和滑石粉脱黏法等。

1. 泥浆水脱黏法

是将干黄泥或普通泥加水搅拌成浓度为10%～20%的泥浆水，然后用40目筛绢过滤，除去杂质等。脱黏时将人工授精获得的受精卵缓慢地加入泥浆水中，并用羽毛轻轻搅动，10分钟后将受精卵和泥浆水一同倒入网箱中，洗去泥浆，即可将受精卵放入孵化设施中进行流水孵化。

2. 滑石粉脱黏法

是将100克滑石粉和25克氯化钠（食盐）溶于10升水中，搅拌成悬浮液，然后将受精卵缓慢地加入其中并轻轻搅动，约20分钟后受精卵即可全部脱黏，漂洗后即可放入孵化器中进行流水孵化。

3. 无脱黏剂的脱黏方法

产卵池内亲鱼密度为每平方米2～5尾，且雌雄比例小于1∶1时，使用少量鱼巢引诱鱼产卵，雄鱼产的大量精液和亲鱼体表分泌的黏液可以使鲤鱼受精卵黏性降低，从而达到自然脱黏的目的。

（二）脱黏流水孵化方法

1. 孵化设备

脱黏流水孵化设备有孵化桶、孵化槽、孵化环道等（彩图38）。可以因地制宜，选用相应的生产设备。

2. 操作注意事项

（1）卵量　放卵密度视水温而定，一般每50千克水可放卵4万～5万粒。

（2）流速　卵在桶内翻动至孵化桶罩下口为宜，每分钟水的流量为7.6～13.2千克。

（3）管理工作　需经常注意洗刷桶罩和调节水流，特别是鱼苗刚出膜时要防止漫溢及漏苗现象。

（三）人工脱黏孵化应注意的问题

不论是哪种形式的孵化器，在管理工作上都应当注意下列事项：

（1）水源应是澄清、没有被污染、不含毒质的水，溶解氧含量较丰富，pH 7～8。

（2）水中剑水蚤多时对鱼卵和幼苗有很大危害，应设过滤装置，使剑水蚤不能进入孵化器。

（3）孵化过程中水温应不低于18℃、不超过30℃，使胚胎能正常发育。

（4）放卵的数量应与孵化器的大小相适应，不能太密，以防卵、苗缺氧窒息。

（5）整个孵化过程中要注意调节水流，使卵、苗能普遍地缓缓翻腾，以满足胚胎对氧的需要；但也要避免流速过高，致使卵、苗冲撞器壁（或器底），引起胚体畸形或受机械损伤。

（6）过滤纱罩或纱窗要勤加洗刷，特别是在鱼苗开始出膜后，要防止空膜贴窗，堵塞孔目而造成卵、苗随水漫溢。

第四节　鱼苗培育技术

一、静水池塘培育技术

（一）清塘

鱼苗放养前10～15天，进行鱼苗池的清塘，清除和杀灭野杂鱼类、底栖生物、水生杂草、水生昆虫、致病菌等。

（二）施基肥

鱼苗下塘前5～7天注水20～30厘米，一般再施用经发酵熟化的鸡、猪、牛粪75～100千克或者使用市售肥水产品。施用后每天加注新水5～10厘米，待放苗时水位达到0.7～0.8米为宜。

（三）鱼苗放养

1. 适时放养

一般施肥后5～7天，天气晴好，轮虫出现旺盛繁殖期，即可放养水花下塘。根据出池规格、时间，每亩放养20万～50万尾。选择池塘背风处下塘，遇上大风天宜在背风处放置人工鱼巢，一是减小风浪；二是可使鱼苗附着，以躲避风浪。

2. 鱼苗放养时应注意的问题

（1）检查池水的毒性是否消失　将鱼苗放入池塘之前要先试水，检查消毒后的池水毒性是否消失。方法是放鱼苗的前1天，先在一小网箱或其他能圈养鱼苗的容器内放入少量鱼苗，待第2天放苗前检查鱼苗是否正常；或取池塘底层水1盆，放10余尾鱼苗，若24小时内鱼苗活动正常，说明毒性消失，可以进行鱼苗的放养。对用生石灰清塘的池塘，还可以用pH试纸测定水的pH，只有当pH降到9以下时，才可放养鱼苗。

（2）检查池中是否残留敌害生物　在清塘后到鱼苗放养前，鱼苗池中可能有蛙卵、蝌蚪等潜在敌害，必要时可用鱼苗网拉2～3次以清除。

（3）检查池水轮虫的数量　取一透明量杯盛入池水，然后进行目测，当1毫升水中有5～10个轮虫（呈灰白色）时，说明轮虫数量已达到放养要求的指标。

（4）注意温差　盛苗袋内水与池水的温差不超过4℃。解决办法是把盛苗袋放入池水中先不解袋口，待两者水温基本一致后，再解开袋口放苗。

（5）饱食下塘 鱼苗可先放入设在鱼苗池的密眼网箱里，投喂熟蛋黄水，每 10 万尾鱼苗用蛋黄 1 个，让鱼苗饱食，待肉眼可见鱼苗消化道中有一条明显的浅黄色线时，再解网放苗入池。

（四）培育方法

鲤鱼苗的培育方法有豆浆培育法、施肥培育法以及混合培育法等。

1. 豆浆培育法

将黄豆磨成豆浆泼洒于池水中，少部分豆浆为鱼苗直接摄食，而大部分豆浆起肥水作用，促进浮游生物繁殖，间接为鱼苗所利用。

先将黄豆用水浸泡，水温 18～20℃时浸泡 10～12 小时，水温 25～28℃时浸泡 5～7 小时，以两片豆瓣之间的间隙胀满为度。一般 1 千克黄豆可加水磨成 20 千克左右的黄豆浆。

鱼苗下塘 3～5 小时后就应开始第一次投喂，以后每天 8:00—10:00 和 14:00—16:00 各投喂 1 次。前 5 天每亩水面每天泼洒 3～4 千克黄豆磨成的浆，下塘 5～6 天后每天的黄豆用量可增加到 5～6 千克。10 天以后还可在池边浅水处增投豆饼糊等，以供鱼苗摄食，投喂数量为每天每亩用干豆饼 2～4 千克。如果池水过肥或遇闷热天及阴雨天，可适当少喂或停喂。

2. 施肥培育法

鱼苗下塘后勤施追肥。一般每隔 1～2 天每亩施腐熟好的粪肥 100～150 千克，或者将市售有机肥（如复合氨基酸）全池泼洒。此外，也可采取粪肥与化肥（尿素、过磷酸钙等）结合的施肥方法，进行鱼饵的培育。

3. 混合培育法

即施肥与泼洒豆浆相结合培育鱼苗的方法。此法不仅能发挥肥、饵各自的优点，而且经济、简便、可靠。具体做法是除施基肥培养饵料生物外，还要在鱼苗下塘后及时进行人工投喂，前 5 天一般每天每亩水面投喂 2～3 千克黄豆磨的浆，5 天后投喂量适当增加，同时根据情况适时追肥，以增殖饵料生物。

（五）日常管理

1. 适时注水

鱼苗下塘后每隔 4～5 天注新水 1 次，每次 10～15 厘米，以增加水体空间。

2. 加强巡塘

鱼苗下塘后要坚持每天巡塘，观察鱼苗的活动和摄食情况、水质变化情况以及有无病害发生等。发现问题要及时解决。

3. 水质过肥的危害与控制

当水质过肥，鱼苗患气泡病时，一方面加注新水，另一方面可用食盐水溶液全池泼洒使池水盐度达 0.3。当早上巡塘，发现池塘蚤类（红虫）成团大量出现时，可每亩用 100 克左右敌百虫，化水溶解后洒向红虫密集处。

（六）拉网锻炼，及时分塘

当鱼苗饲养 18～20 天后，鱼苗长至 2 厘米左右时，原有密度显得过大，因此必须及时分塘。分塘前鱼苗要经过拉网锻炼，以增强鱼苗的体质，使之适应密集的环境，有利于分塘操作和长途运输。

1. 拉网锻炼所需的工具、网具

拉网锻炼的工具、网具主要有夏花鱼苗被条网、谷池（一种小网箱的俗称）、鱼筛（图 3-10）等。

2. 拉网锻炼的方法

拉网锻炼宜在晴天上午进行。在拉网前要把池中的水草、青泥苔等杂物清除干净。拉网要从池塘的下风处开始，到上风处收网。拉网的速度宜慢不宜快，网的两端可交替前进，速度以鱼苗跑在网前不贴网为准。第一次拉网只需让鱼苗在网中密集一下即放回池中，拉网 2 小时后喂豆浆。第一次拉网时，鱼体十分嫩弱，操作必须特别小心，拉网赶鱼苗速度宜慢不宜快，在收拢网片时，需防止

图 3-10　鱼　筛

鱼苗贴网。

隔 1 天进行第二次拉网，将鱼苗围集后（与此同时，在其边上装置好谷池），将拉网上纲与谷池上口相并，压入水中，在谷池内轻轻划水，使鱼苗逆水游入池内（图 3-11）。鱼群进入谷池

图 3-11　鱼苗拉网围集圈入谷池

后，稍停，将鱼苗逐渐集于谷池的一端，以便清除另一端谷池底部的粪便和污物，不让黏液和污物堵塞网孔。然后放入鱼筛，筛边紧贴谷池网片，筛口朝向鱼苗，并在鱼筛外轻轻划水，使鱼苗穿筛而过，将蝌蚪、野杂鱼等筛出。再清除另一端箱底污物并清洗谷池。

经这样操作后，可保持谷池内水质清新，内外水流通畅，溶解氧较高。鱼苗约经 2 小时密集后放回池内。第二次拉网应尽可能地将池塘内鱼苗捕尽。因此拉网后应再重复拉一网，将剩余鱼苗放入另一个较小的谷池内锻炼。第二次拉网后再隔 1 天，进行第三次拉网锻炼，操作同第二次拉网。如鱼苗自养自用，第二次拉网锻炼后就可以分养。如需进行长途运输，第三次拉网后，将鱼苗放入水质清新的池塘网箱中，经一夜“吊养”后方可装运。吊养时，夜间需有人看管，以防止发生缺氧死鱼事故。

拉网中必须注意以下事项：

（1）选晴天 9:00 左右进行，阴天不能操作。

（2）在拉网过程中，要慢行、勤洗网，防止鱼苗贴网死亡。

（3）在网箱中捆鱼时，要在进水口附近进行，并加注新水以防鱼苗缺氧死亡。

（4）在鱼苗捆箱时，应尽量减少在池内走动，以免搅浑水体，使底泥泛起而呛死鱼苗。经过拉网锻炼的鱼苗体质强壮，适宜于长途运输，成活率较高。所以准备长途运输鱼苗时，应坚持提前对鱼苗进行拉网锻炼。

（七）鱼苗的分筛与计数

鱼苗分筛是根据池中群体鱼苗在生长过程中大小存在差异性而进行分类的过程，是进行鱼苗下一步养殖环节的必要一步。苗种分筛前必须先进行拉网，在拉网中或捆箱中密集锻炼，然后用专用鱼筛对鱼苗进行分类，操作轻柔，以免擦伤鱼体。分筛后鱼苗基本整齐，便于放养与管理。

目前，鱼苗计数方法常见有两种：一种是用一小容器（杯子等）舀取池水，计数其中的鱼苗数量，再推算（图 3-12）；另一种是外运时装入氧气袋后，随机抽取 1～2 袋计数推算。

图 3-12　鱼苗分筛后计数

二、水泥池培育技术

（一）放养前的准备

1. 水泥池的结构

育苗的水泥池（图 3-13）大小因地制宜，池深 2 米左右，底面向排水口稍微倾斜，进排水管用无毒聚乙烯管，在每一单元埋设进排水管道，安装喷淋增氧或曝气增氧设施。

2. 水泥池的处理

检查是否有渗漏，这对新建水泥池尤为重要。新建水泥池碱性很强并含有不利于幼体发育的有害物质，可用水浸泡、冲洗，直到池底、池壁内的碱性及有毒物质浸出，使 pH 稳定在 8.5 以内，浸泡时间为 1 个月以上。水泥池在使用前要严格洗刷，用 10 克/米^3 漂白粉或 20 克/米^3 高锰酸钾溶液刷洗池壁池底，浸泡数小时后，再用清水冲洗干净后注入养殖用水，待用。

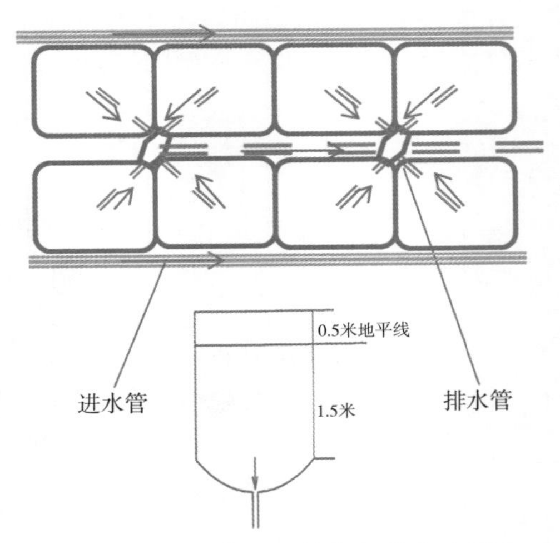

图 3-13　一种水泥池结构与形式示意图
上：平面示进排水　下：剖面

（二）鱼苗的放养

对于孵化池内由受精卵孵化出来的仔鱼，待其卵黄囊消失，鳔充气，开始平游并摄食时适时放养。放养密度一般为 10 000 尾/米^2。

如果是原池孵化并育苗，应注意密度不要过大。

（三）饲养管理

1. 适时换水

通常水色以青绿色为好；褐色不宜；深绿色表示浮游生物过盛，需要换水。换水的方法一般是结合排污用虹吸的方法抽去部分老水和沉积物，注入部分新水。具体做法视水质情况而定。一般每 5～7 天换水 1 次。

2. 合理投饵

鱼苗下池后，开始以蛋黄与浮游动物相结合的方法投喂，如轮虫、枝角类、桡足类等。浮游动物系以 60 目绢网在天然水体中打

捞并用盐水（盐度为3）消毒后投喂。到1周时，可适当喂一些新鲜鱼糜，每日投喂4～6次。在投饵过程中要注意以下几点：

（1）尽量投喂天然饵料（如活的轮虫、枝角类、桡足类等）。在投喂前将活饵充分清洗和消毒，防止将病原体带入幼鱼池中。

（2）定时、定量、定质投喂。

（3）投喂时要查看鱼苗摄食、健康状况，注意环境条件的变化。

（四）及时移池

一般经过15天左右的培育，鱼苗长到15毫米时，应及时将鱼苗移入室外土池进行培育或销售。

三、网箱培育技术

网箱的大小可根据实际需要自定，但箱体的深度宜浅，为80～100厘米。网箱应设置在遮风的温暖向阳处，用竹桩架设。

日常管理注意事项：

（1）做好鱼病防治工作　由于小网箱鱼种密度大，发生鱼病后容易造成较大损失，所以要坚持“以防为主”的方针。鱼苗入箱时用食盐水浸洗，杀灭体表寄生虫和防止细菌性疾病的感染；培育期间定期用含氯消毒剂全箱泼洒或用挂袋法消毒。

（2）勤巡箱、勤洗箱　网箱由于网目比较密，易被藻类等附着物堵塞，造成水体交换不畅，致使鱼苗缺氧，因此每3～5天就应洗箱1次，水温低时洗箱间隔时间可稍长些，反之则短。要加强管理，勤巡箱，注意防逃、防盗、防洪涝、防风浪。根据水位变化，及时进行移箱。

（3）及时分箱　在培育过程中要进行1～2次分箱，若是6—7月投放的鱼苗，一般培育30～40天就可以达到预定8～10厘米的规格，此时应进行分箱，及时转入大规格鱼种的培育阶段。

第五节　鱼种培育技术

鲤鱼种培育是指将夏花鱼苗进一步培育成较大规格鱼种的过程。培育至秋季出塘的鱼种称为秋片，冬季出塘的称为冬片，经过冬季到第二年春季出塘的称为春片。

一、池塘条件

鱼种池条件与鱼苗池条件相似，但面积稍大、深度稍深。一般面积为3～5亩，水深1.5～2.0米，高产塘需配备增氧机。其清塘消毒方法同鱼苗池。清塘5～7天后开始注水，起初注水深80～100厘米，以后逐步加深。注水时应注意在进水口加设过滤网，以防止野杂鱼及敌害生物进入。

二、夏花放养

夏花的放养密度应根据池塘状况、饲养管理水平、对出池鱼种规格与时间要求等而决定。一般每亩放养1.5～3厘米的夏花15 000～50 000尾。可于1～2周后再搭配放养鲢、鳙鱼夏花1 500～2 500尾。

三、饲养管理

（一）投喂适宜饲料

夏花下塘后，即采用驯化投饲技术，依鱼长势投喂开口料、幼鱼料（表3-2）。日投饲量为鱼体重的5%～12%，并根据天气、水温和鱼摄食情况灵活调整。

表 3-2 饲料型号与鱼规格的关系

饲料规格	适用鱼规格
碎粒料	夏花至体重 5 克
1 毫米	5～30 克
1.5 毫米	30～75 克
2～2.5 毫米	75～250 克

驯化方法：鱼苗入池后，根据池塘大小和形状，按 U 形、V 形和"一"字形在池边投放湿粉状料或颗粒料，逐渐收缩投喂 5～7 天后，投饵点固定在饲料台前，再连续投放 3～5 天，然后选择晴天上午定时开启投饵机持续向水中几粒几粒地撒料，1～2 天后鱼苗即可全部集中到水面抢食。

（二）日常管理

夏花下塘时培育池水深 80～100 厘米，随着气温的升高和鱼体的长大，应逐步加深水位，最后水位可保持在 1.5～2 米。

应保持池水水质良好，水中溶解氧应在 3 毫克/升以上，透明度在 30 厘米左右，pH 7～8.5，以保证鲤鱼旺盛摄食和生长。当池中溶解氧较低时，应采取有效措施予以改善，如注换新水、开动增氧机增氧等。

坚持早、中、晚巡塘；观察鱼有无浮头现象，活动、摄食是否正常，有无病害发生以及水质变化情况等；发现问题及时解决。

定期测定鱼的体长和体重，作为调整投饵量的依据等。

四、并塘和越冬

秋末冬初，当水温降至 8～10℃时，鱼种摄食已较少，可开始并塘。并塘不仅能全面了解当年鱼种的生产情况，将鱼种按不同规格进行归并、计数，有利于鱼种安全越冬、运输和放养，还能腾出鱼池及时进行清整，为第二年生产做好准备。

（一）越冬池条件

越冬池要求背风向阳，不渗漏，淤泥不太厚，面积 2～5 亩，水深能保持在 1.5 米以上，水源充足，水质良好，进排水方便。在鱼种放入前，用生石灰或漂白粉彻底清塘。

（二）并塘

并塘宜在水温为 8～10℃的晴天进行。起捕前应停食 2～3 天，捕出的鱼种经分级消毒（可用 3%～4%的食盐水浸泡 10 分钟）后转入越冬池中。放养密度根据水体条件和鱼种规格等而定：20～25 克的鱼种，每立方米水体放养 25～35 尾；40～50 克的鱼种，每立方米水体放养 15～20 尾。

（三）越冬池的日常管理

（1）注意调节水质　越冬池的放养密度相对较大，在冬季水中溶解氧降低时往往会出现浮头现象，此时要及时加注新水或采取增氧措施。在注水时，一次注入量不要过多。下雪后要及时清扫冰面上的积雪，使冰面保持较好的透明度，增强水中浮游植物的光合作用，增加水中溶解氧。

（2）投喂　越冬期间，可于晴天适当投喂。

第六节　成鱼饲养

一、池塘集约化 80∶20 养殖技术

池塘集约化 80∶20 养殖技术是指利用淡水池塘养鱼，在养殖一种占总量的 80%摄食鱼类的情况下，搭养 20%的其他鱼类；养殖的饲料与饲养管理以主养鱼为基准。其产量中的 80%左右是由

一种摄食人工颗粒饲料、受消费者欢迎的高价值鱼组成，也称为主养鱼，如鲤鱼、青鱼、草鱼、团头鲂、斑点叉尾鮰、尼罗罗非鱼等。其余20%左右的产量是由服务性鱼类组成，也称为搭配鱼，如鲢鱼、鳙鱼可清除池中的浮游生物，净化水质；鳜鱼、鲇鱼、鲈鱼等肉食性鱼类可清除池中的野杂鱼。此技术适合鱼种培育和成鱼养殖。

传统的养殖主要遵循“八字精养法”——水、种、饵、密、混、轮、防、管，这是对我国传统池塘养鱼的精辟总结，对任何池塘养鱼都是很适用的。但是80∶20养殖技术较传统的养殖管理更简单，主要侧重于“水、种、饵、防”四大要素。

（一）池塘条件

该技术增加了对电力和机械设备的依赖，这些设备包括投饵机、增氧机（图3-14）、抽水机、供电电源、自备发电机等。商品鱼池电力配备要求达到0.5～1千瓦/亩，一般要求有足够功率的柴油发电机作为自备电源。

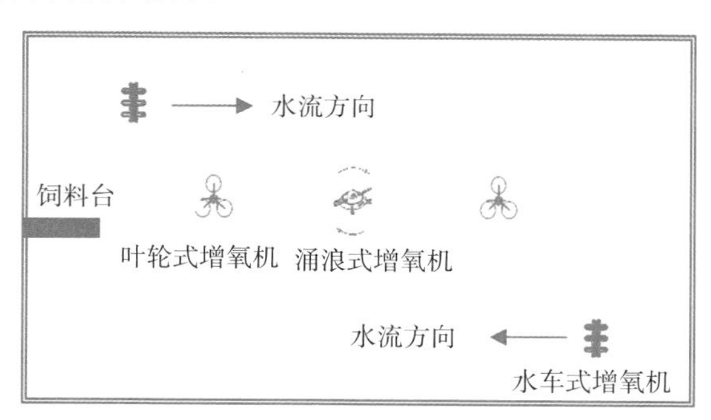

图3-14 一种池塘增氧机布置方式

（二）放养前的准备

1. 清除淤泥

每年在年底收获后，清除淤泥1次，保证淤泥深度不超过30厘米。

池塘放干水后，在烈日下曝晒10～20天，促进底泥中有机物的氧化分解、消除病原菌的危害，在此期间，还应当翻动底泥，使底泥在阳光下充分暴露和氧化。

2. 消毒

常用清塘消毒药物有生石灰、漂白粉、二氧化氯等。清塘药物用量及药性消失时间见表3-3。

其他无机和有机含氯化合物（如三氯异氰脲酸、二氯异氰脲酸等）的使用量可参考药品说明书。

表3-3 清塘药物用量

药物名称	质量	用量（千克/亩）	方法	药性消失时间（天）
生石灰	块状	75～100（干池）	溶于水，遍洒，翻动底泥	7～10
漂白粉	含有效氧30%	13.5	溶于水，遍洒	3～5

3. 注水

消毒7天后可以向池塘注水。

（三）鱼种放养

1. 放养模式

依据池塘在收获时占其产量的80%（70%～90%）投放一种摄食性鱼类，而其余约20%（10%～30%）则投放一种或几种服务性（滤食性或肉食性）鱼类。放养的规格、密度和时间应根据收获时间、规格和池塘条件而定。

2. 放养密度

（1）密度的确定　通常，鲤鱼放苗密度多为1 200～1 500尾/亩，规格为10～30尾/千克，同时搭配适量鲢鱼、鳙鱼。单产多在1 000～1 500千克/亩。

放养密度和产量在一定的范围内呈正相关，放养密度增加，产量呈正比增加，但鱼产量达到一定的值后，放养密度再增加，产量的增加变缓。所以放养密度的确定要根据池塘条件，放养鱼类品种、大小、出池规格，饲养管理水平和资金投入的情况而定。放养密度一般以收获时期望的鱼产量除以该种鱼收获时的预期平均体重，再除以估计的养殖成活率。为使出池时存塘鱼的数量有所保证，可适当增加5%作为保证值。

（2）计算方法　放养密度可按以下公式计算：

$$N = W/(G \times a)$$

式中　N——亩放养尾数；

W——收获时期望的总重量（千克/亩）；

G——收获时预期的鱼平均体重（千克/尾）；

a——成活率（%）。

计算实例：

实例一：一个8亩的池塘，主养鲤鱼，预期池塘各种鱼单产1 000千克/亩，其中鲤鱼占80%左右，出池时规格0.75千克/尾，估计成活率90%，那么每亩需放养鲤鱼尾数为：

N=1 000×80%/（0.75×90%）≈1 185（尾/亩）。

实例二：有一面积4亩的池塘，准备放养鲤鱼、鲢鱼、鳙鱼，计划总产量为1 500千克，其中鲤鱼1 200千克、鲢鱼200千克、鳙鱼100千克。已知鲤鱼种平均规格为0.05千克/尾，计划年底养成的鲤鱼规格为0.75千克/尾，成活率估计为90%；鲢鱼种平均规格为0.05千克/尾，年底计划出塘规格为0.50千克/尾，估计成活率为90%；鳙鱼种平均规格为0.05千克/尾，年底养成规格为0.75千克/尾，估计成活率为90%。试问鲤鱼、鲢鱼、鳙鱼三种鱼种各放养多少？

解答：

①当总产量为1 500千克（包括鱼种，指毛产量）时，则：

鲤鱼每亩放养量=1 200/（0.75×90%）≈1 778尾。

总放养量=4×1 778=7 112尾。

鲢鱼每亩放养量=200/（0.5×90%）≈444尾。

总放养量=4×444=1 776尾。

鳙鱼每亩放养量=100/（0.75×90%）≈148尾。

总放养量＝4×148＝592 尾。

②当总产量为 1 500 千克（指净产量，不包括鱼种，且三种鱼的产量也是净产量）时，则：

鲤鱼每亩放养量＝1 200/［（0.75－0.05）×90％］≈1 905 尾。

总放养量＝4×1 905＝7 620 尾。

鲢鱼每亩放养量＝200/［（0.5－0.05）×90％］≈494 尾。

总放养量＝4×494＝1 976 尾。

鳙鱼每亩放养量＝100/［（0.75－0.05）×90％］≈159 尾。

总放养量＝4×159＝636 尾。

（四）饲养管理

投喂硬颗粒饲料，应在池塘中设定点投饵台，投饵率和日投喂次数可参考表 3-4。每次投饲料间隔 3 小时以上。

表 3-4　不同月份投饵率和日投次数参考

月份	投饵率（%）	日投饵次数（次）
1—2 月	0.5～1	1
3—4 月	1～2	1～2
5—6 月	3～4	3～4
7—8 月	4～5	4～5
9—10 月	1～3	2～3
11—12 月	0.5～1	1～2

（五）生产案例

养殖池塘位于河南省虞城县北部黄河故道堤南侧的低洼盐碱地，池塘面积 5～10 亩，东西走向，池底平坦，池深 2.5 米，淤泥深 15 厘米，平均水深 1.8 米，且池塘进排水方便。每 5 亩池塘配备 1 台功率为 1.5 千瓦的叶轮式增氧机。养殖水源为农业引黄用水和地下水，水源充足，水质良好，无污染，pH 在 7.0～8.7，水质符合淡水鱼类养殖标准。2 月中旬，鱼种下塘前 15 天用生石灰进行清塘消毒，用量约 100 千克/亩。清塘 3～5 天后，池塘注水至水深 1 米，施入经过发酵的猪粪、牛粪等有机肥 300 千克/亩，用以培育池水中的浮游生物。投放规格为 75～100 克/尾的鲢鱼、鳙鱼越冬鱼种 300 尾/亩，投放规格为 100～150 克/尾的鲤鱼越冬鱼种 1 400尾/亩。鱼种入池前，均用浓度为 50 克/升的食盐水浸浴 10 分钟消毒，然后再下塘。

整个养殖过程中均投喂鲤鱼配合颗粒饲料，饲料颗粒直径根据不同时期鱼体规格而定，鱼种入池 4 天后进行驯化喂食，开始时投喂采用少量多次的方法，待鱼种正常摄食后按照“四定”原则进行投喂。3—4 月，每天投喂 2 次；5—6 月和 10 月，每天投喂 3 次；7—9 月，每天投喂 4 次。每次投喂时间控制在 30～40 分钟，以鱼类摄食至八成饱为宜。经常向池塘内加注新水，调节水质，保持水深在 1.5 米以上，保持水质肥、活、嫩、爽。

11 月 5 日开始起捕上市，平均亩产鲤鱼 1 612 千克，鲢鱼、鳙鱼 205 千克，鲤鱼平均规格达到 1.2 千克/尾，鲢鱼、鳙鱼平均规格达到 0.76 千克/尾。饲料系数为 1.86 左右，投入产出比为 1∶1.62（吕军，2007）。

二、夏花当年养成食用鱼技术

4 月购进的乌仔稀放，强化培育至 6 月初，使其规格达到 15～20 克/尾，然后分塘饲养，10 月起捕，鲤鱼规格可达到 1 000 克/尾左右。也有分塘较晚的，要跨年养到 6—7 月养成食用鱼，此时一般市场行情较好，也能取得较好的收益。其具体方法步骤如下：

（一）购进乌仔强化培育

培育池面积为 2～5 亩，水深 1.0～1.3 米，池底不漏水，淤泥厚不超过 15 厘米，水源充足，水质良好，进排水方便。

放养前 15 天左右用生石灰干法清塘，每亩用量 100 千克。清塘后的第 5 天即可注入清水 80 厘米左右，注意在进水口加设过滤密网，以防杂鱼和其他敌害侵入。放苗前 5～7 天，每亩施腐熟好的粪肥 200 千克，以培育天然饵料生物轮虫等供乌仔下塘后摄食。

放养前要注意试水，并调节温差，以免因温差过大而造成损失。乌仔的放养量为每亩 15 000～20 000 尾。乌仔下塘后，泼洒黄豆浆，并可辅助喂些熟蛋黄等，每日 9:00、15:00 各进行 1 次。黄豆的用量每天每亩水面 3 千克左右。10 天后增投豆饼粉、细麸等，并逐渐减少豆浆的泼洒量。20 天后开始投喂鲤鱼种配合饲料，并进行初步驯化。饲料粒径起初可为 0.5 毫米，以后随着鱼体的生长而改为 1 毫米。每日投喂 6～10 次，每次时间 30～50 分钟。

培育期间每 7～10 天加注新水 1 次，每次 10～15 厘米，达最大水深 1.3 米后应视水质情况而适时换水。约经 2 个月，鱼苗即可长成 15～20 克/尾的鱼种，此时便可分塘，进入成鱼饲养阶段。

（二）养成阶段

池塘面积为 3～10 亩，水深 1.5～2.5 米，池底平整少淤泥，保水保肥能力较强，进排水方便，配备有增氧机、投饵机等设备。

清塘毒性消失后放养鱼种。每亩放养鲤鱼 1 800～2 200 尾，放养鲢鱼、鳙鱼夏花 400 尾。

鱼种入池 2 天后开始驯化投喂，驯化期间每天投喂 3 次，每次时间不少于 1 小时。无投饵机时，驯化要有耐心，应把饲料一把一把缓慢地撒于水中。起初驯化时，饲料撒的面要大一些，以后逐渐缩小范围，最后将鲤鱼驯化到一固定的场所集中上浮摄食。驯化成功后即转入正常投喂。

饲养期间一般每 10 天左右加注新水 1 次，每次 15～20 厘米，高温季节应增加注换水次数。为改善水质和消毒防病，每 15～20 天用生石灰化浆全池泼洒 1 次，浓度为 15～20 毫克/升。要合理使用增氧机增氧，以保证池中有充足的溶解氧等。

三、应用生态浮床调水的池塘主养鲤鱼技术

生态浮床又称生态浮岛、生物浮床、人工浮床等，运用无土

栽培原理，以“浮床”形式将水生植物种植于池塘中，通过植物的吸收、吸附作用和物种竞争相克机理，将水中氮、磷等污染物质转化成植物所需的能量储存于植物体中，实现水环境的改善，从而使养鱼不（少）换水而无水质忧患，产生种菜不施肥而苗壮成长的生态共生效应，让鱼、植物、微生物三者之间达到一种和谐的生态平衡，属于可持续循环型低碳渔业，又称为鱼菜共生技术。

（一）技术原理

硝酸盐是植物可利用的无机氮形式，鱼菜共生技术正是通过水栽植物的固氮作用，将氮结合到有机化合物中，从而以植物的同化吸收将氮代谢末点连接起来，产生了营养物质再循环的生态效应，既节约用水成本，又可收获无污染的鱼、菜绿色产品。

（二）蔬菜栽培技术路线

1. 浮架制作工艺

（1）PVC管浮架制作方法　通过PVC管（110管）制作浮床，上下两层各有疏、密两种聚乙烯网片，分别隔断食草性鱼类和控制茎叶的生长方向，一般按照2米×4米和4米×4米两种规格进行制作，各地可根据池塘的实际条件，按照移动、清理、制作、收割方便的原则，选择合适的规格浮架（彩图39）。

（2）竹子浮架制作方法　选用直径在6厘米以上的竹子，首尾相连，按照竹子的长短固定成三角形（防止变形）。或者编制成60厘米×80厘米×20厘米规格的竹篮（图3-15）。具体形状可根据池塘条件、材料大小、操作方便灵活而定。内用网绳编织且穿上直径3厘米的PVC管材做床体，水蕹菜直接栽培在PVC管材内。下层设置细网。各浮床用绳索串联起来固定在池埂上。

（3）其他材料浮架　凡是能浮在水面上的材料都可以用来做浮架，如稻草、废旧轮胎、泡沫、废旧塑料瓶和商品浮架等，可根据经济、取材方便的原则选择合适浮架。

图 3-15　竹子浮架

2. 栽培蔬菜种类选择

这里所说的蔬菜并不单单指吃的蔬菜，还应包括观赏用的花卉、喂食用的饲草等。

栽培蔬菜种类应选择根系发达、处理能力强的植株，利用根系发达与庞大的吸收表面积进行水质的净化处理。一般选择的品种有空心菜、水芹菜、丝瓜、水白菜、青菜、生菜等。推荐选择空心菜，因为其生长旺盛、产量大、净水效果好。

3. 种植面积的选择

种植的面积与比例关系到物种间的生态平衡关系。覆盖率太小起不到净化水质的效果，覆盖率太大影响光照，阻碍浮游植物进行光合作用，降低溶解氧，影响鱼类生长，还增大了投入成本。研究试验表明，8%～15%覆盖率的浮床较适合池塘鲤鱼的养殖。

（三）鲤鱼养殖

鲤鱼放养密度、水体鱼体消毒、投饵施肥等仍按照常规养殖方法，有改变的是使用渔药方面。一般不用渔药，也不用深井水降低水温，适当加水即可。

（四）蔬菜栽培与收获

以空心菜为例，空心菜种养在泥土里培育出苗，长到 2.5 厘米时移到水面上的浮床上。空心菜从 5 月中旬种养到 9 月最后一次收获，其间可收取 5～6 次，每次最好用手掐，可以保留较多营养，做出菜来口感和味道也好。空心菜收取时间视生长而定，一般为 25 天左右，气温低会适当延长。

（五）生产案例

宁夏大北农科技实业有限公司基地，池塘面积 8 亩。4 月初培育福瑞鲤鱼苗，试验组每亩放规格 185 克/尾的福瑞鲤 2 400 尾、规格 125 克/尾的鲢鱼 550 尾、规格 125 克/尾的鳙鱼 200 尾。利用 PVC 管、网片组合成生态浮床 76 个，框架规格为 2 米×1 米或 2 米×2 米。6 月初开始扦插空心菜、千屈菜、美人蕉（株高 20 厘米），株距 30 厘米×行距 20 厘米，浮床面积 160 米^2。对照组每亩放规格 225 克/尾的福瑞鲤 2 400 尾，规格 350 克/尾的鲢鱼 550 尾，规格 350 克/尾的鳙鱼 200 尾。

养殖期间投喂配合颗粒饲料，每 20 天左右换水 1 次，换水 15 厘米左右。设 160 米^2 空心菜浮床，7 月中旬后空心菜旺盛生长，每天每平方米浮床可以采摘 0.5 千克，采摘期可持续 50 天，累计产量 25 千克/米^2。

至 9 月底结束，共计 120 天。福瑞鲤平均体重分别从 225 克、185 克增加到 1 030 克、910 克；鲢鱼平均体重分别从 350 克、125 克增加到 510 克、520 克；鳙鱼平均体重分别从 350 克、125 克增加到 2 020 克、680 克。对照组总饲料系数为 1.80，试验组总饵料系数为 1.70。

相比于对照组，试验组总饲料系数降低 0.1，主养福瑞鲤成活率达到了 96.6%，其他混养鱼成活率也有不同程度的提高，经济效益显著。

四、低洼盐碱地池塘主养鲤鱼技术

盐碱地池塘由于受土壤成分的影响，池塘水质呈微咸水和咸水状态，在开展鲤鱼养殖过程中，池塘养殖产量及经济效益与非盐碱地池塘相比尚有一定差距，且病害较严重。盐碱地池塘养殖鲤鱼的关键点如下：

（一）水质调节

盐碱地池塘水质与淡水池塘水质相比具有两方面特征：一是水质盐度高，碱度高，磷的含量低；二是在低温季节（水温低于22℃），水中浮游植物以小型的蓝绿藻为主，在高温季节，微囊藻和轮虫大量繁殖。上述两方面的特征对鱼类产生的直接影响是使鱼体生长速度减慢，抗病力降低，易缺氧浮头，易患 NH_3-N 中毒症和 NO_2^--N 中毒症，因此在水质调控时应采取针对性的技术措施，以降低水质盐碱度，保持水中适宜的浮游生物种类和数量，并保持较高的溶解氧含量。

（1）保持池塘高水位　降低池塘周围土壤盐分渗入池水的程度，池水深度保持在 1.8～2.0 米为宜。

（2）换水　在春季枯水期，池塘定期注入新水，以弥补池水渗漏和蒸发量。在养殖高温季节，池塘定期排出部分池水，排水量为原池水量的 5%～20%，然后注入新水。

（3）施肥　施肥的目的是为浮游植物提供营养，以保持水中浮游植物适宜的含量，提高池水溶解氧水平，降低有害气体含量，并为滤食性鱼类提供生物饵料。

（4）调水　老化池塘在夏季高温季节每隔 15 天使用 1 次 EM 菌液或光合细菌液等微生物制剂，以降低水中的氨态氮、亚硝酸态氮、硫化氢等有害物质含量，分解有机质，减少有机质耗氧量，增加水体溶解氧的含量。对于越冬池塘，应在越冬前全池泼洒沸石粉、麦饭石等水质改良剂，用量为 50～100 千克/亩。

（二）饲料及投喂

饲料以人工配合颗粒饲料使用效果最佳，选用的饲料要求营养均衡、营养价值高、物理性能好、不含违禁药品。饲料投喂在遵循“四定”原则的前提下，日常管理中还应注意：

（1）早投喂　在鱼种入池后第2天应开始投喂驯化，通过早投喂以增强鱼体体质，缩短鱼种因越冬期造成的生长恢复期，延长养殖生长期。

（2）晚停食　对于咸水池塘，由于水质盐度和碱度较高，主养鲤鱼的生长速度和鱼体体质与淡水池塘养殖的鱼类相比较存在着一定的差距，因此在养殖后期要尽量延长投喂期，特别是越冬池塘，通常以水温界定，当水温在10℃以下时再停止投喂饲料。

（三）越冬期管理

（1）池塘封冰前，采取投喂药饵、水体消毒等措施消除鱼体疾病，杀灭水中的寄生虫及致病菌，保证鱼体健康入冬。

（2）池塘封冰后，要定期补充新水，每次补充量以池水量的10%为宜。

（3）冰融化后，检查鱼体和水质，根据检查情况采取相应措施。

五、鲤鱼和南美白对虾生态混养技术

（一）技术简介

该模式利用了养殖对象之间的生物学互利关系，建立起以发挥稳定池塘生态系统功能为基础的养殖结构。此种混养模式使池塘生物链更加丰富，浮游植物种类更加多样化，世代演替更加稳定，水质更易调控。混养模式可有效利用鲤鱼摄食病死虾及体质弱的虾，从而切断疾病的传播途径。

（二）技术规程

1. 池塘条件

池塘面积 1～100 亩，一般 5～50 亩，多为南北走向，水深 0.7～2.5 米，配备增氧设备、投饵机等必要生产设备，进排水方便。放苗前 20 天左右用生石灰清塘，施基肥，培育浮游生物。

2. 隔离网安装

鱼虾混养的池塘鱼种投放一般在清明前后，而南美白对虾苗投放一般在 5 月以后，为防止放养的鱼对虾产生危害，在池塘的一侧用 40～60 目的聚乙烯网隔离出 2～5 亩的区域，为 5 月后投放虾苗预留，用竹竿等支撑物固定牢稳，下部进入池底 30～40 厘米，网衣一般高出水面 30 厘米以上。

另一种隔离网是在池塘靠岸 3～10 米位置安装双层网（外层 1～1.5 厘米网目聚乙烯网衣，内层 3.6 厘米×4.8 厘米网目土木格栅）。隔网模式有“一”字形、L 形和 U 形三种（图 3-16），目的是让虾可以在池塘四周环游，并自由地进入池塘内部；但鱼无法靠近岸边。

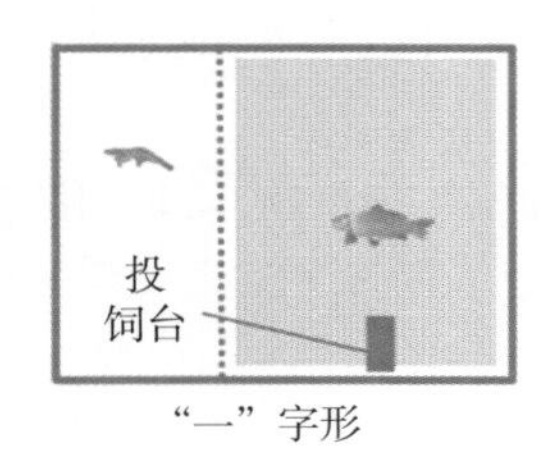

“一”字形

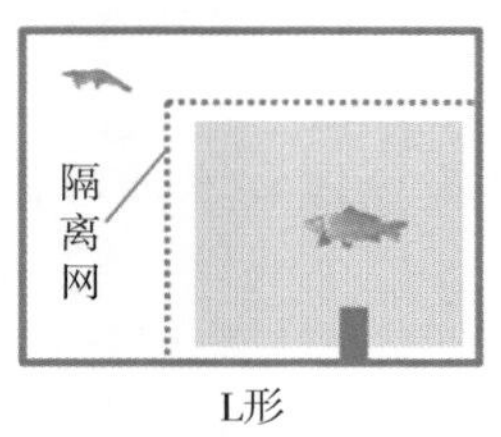

L形

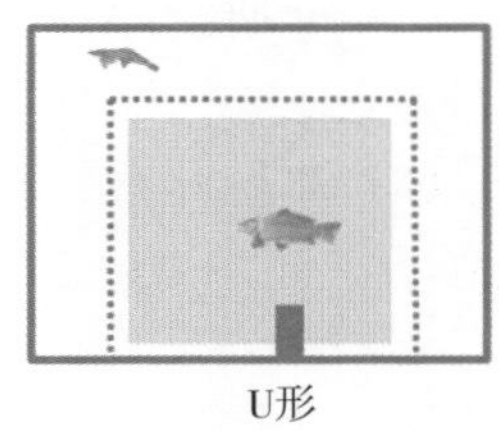
U形

图 3-16　隔离网设置方式

3. 隔离网撤离

当虾苗长到 4 厘米左右时，虾逐渐适应大塘的生活环境，体质逐渐增强，可撤离隔离网，撤离时尽量避开虾蜕壳的高峰期。

4. 饲养管理

前期以培育浮游生物为主要目的，以泼洒豆浆为主。鲤鱼配合饲料蛋白质含量 28%～30%，饲料规格根据鱼体大小调整，定点投喂，每次先投喂鲤鱼料，20 分钟后再投喂虾料。南美白对虾饲料蛋白质含量 40%～42%，前期喂粉料，用南美白对虾 1 号料；体长 5～8 厘米时投喂 1.5 号料；体长达到 8 厘米以上时投喂 2 号料。投喂量每 3～5 天调整 1 次，日投饵 3 次，晚上投饵量为日投量的 1/2。早期在池塘边投喂，以后则在全池四周均匀泼洒，投料后 1～2 小时检查摄食情况，并根据情况调整投喂量，以每餐在投喂后 2 小时内吃完为宜。养殖过程中密切关注水质，在饵料中定期添加维生素 C、大蒜素等免疫调节剂。必要时泼洒微生物试剂改善水质。

（三）养殖案例

1. 苗种放养

5 月中旬放鲤鱼苗 5 000～8 000 尾/亩，培育 8～10 天后，规格达 600～4 800 尾/千克，根据密度适当出售一部分鲤鱼苗，控制密度为 1 000～1 500 尾/亩。接着放大棚培育淡化后的南美白对虾苗 3 万～3.5 万尾/亩，规格 2 万～2.5 万尾/千克，养殖 20 天左右，虾大约长至 5 厘米，再投放鲢鱼 800～1 000 尾/亩（规格 600～800 尾/千克）、鳙鱼 200～300 尾/亩（规格 500～700 尾/千克）。

2. 生产结果

南美白对虾经过 2～3 个月的养殖，规格可达 120～180 尾/千克，产量 150～200 千克/亩，成活率 70%～85%，饵料系数约 0.8。鲤鱼在第二年 6 月捕捞上市，规格 0.8～1.1 千克/尾，产量 1 100～1 300 千克/亩，饵料系数约 1.58。鲢鱼、鳙鱼产量 300～500 千克/亩，规格 3～4 尾/千克。

3. 经济效益

南美白对虾亩收入 6 000～7 200 元，鲤鱼亩收入 1 100～6 500 元，扣除苗种成本、饲料费、电费、塘租和人工费等，亩净收益 4 300～7 080 元。

六、鲤鱼池塘“生物絮团”生态养殖技术

（一）技术简介

在养殖水体零换水基础上，当水体氨氮含量高时，通过人为添加碳源调节水体碳氮比（C/N），促进水体中的异养细菌大量繁殖，利用细菌同化无机氮，将水体中的氨氮等有害氮源转化成菌体蛋白，并通过细菌将水体中的有机质絮凝成颗粒物质，形成“生物絮团”，最终被养殖动物摄食，起到调控水质、促进营养物质循环再利用、提高养殖动物成活率的作用。该技术是一项节水、减排、健康、高效的池塘生态养殖技术。

（二）技术操作规程

1. 池塘条件

池塘面积5～15亩，池塘水体深度1.8～2.5米，配备投饵机一台，采用以微孔曝气增氧方式为主导的复合式增氧（图3-17），每亩按0.15～0.25千瓦设置微孔曝气增氧盘，同时每亩按0.3～0.6千瓦配备叶轮式增氧机（主要作用为搅水和紧急时增氧）；鱼种放养前7～10天，用生石灰干法消毒，生石灰用量为70～75千克/亩。

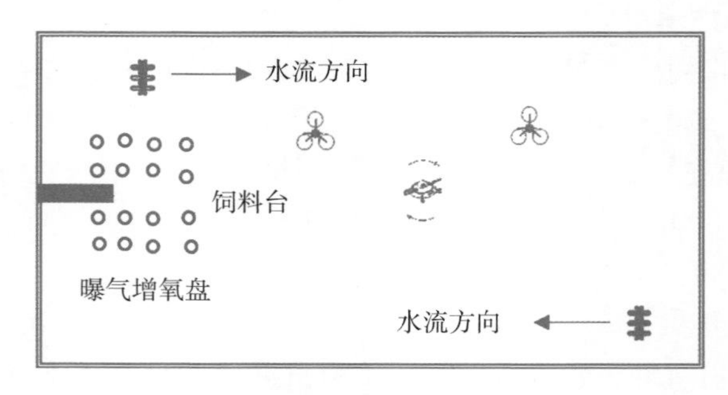

图3-17　池塘增氧系统的配置

2. 鱼种放养

选择规格整齐、体表完整、无畸形、无病无伤的鱼种进行放

养。放养密度和规格如下：鲤鱼100～110千克/亩，规格100～200克/尾；鲢鱼20～25千克/亩，规格50～100克/尾；鳙鱼10～16千克/亩，规格50～100克/尾；草鱼5～10千克/亩，规格100～200克/尾。

3. 饲料投喂

投喂的饲料为商品鱼配合饲料；每餐投喂时，有70%～80%的鱼离开即可停止投喂，每日投喂3～5次。

4. 养殖管理

在养殖过程中不换水，只补充蒸发和渗漏的水量。养殖前期，根据鱼体活动、天气、水质情况适时开机增氧；养殖中后期，视水质情况，夜里开启微孔增氧装置进行增氧，午后开启叶轮式增氧机搅水2～3小时，高温季节根据水质情况适当增加增氧时间。

5. 碳源添加

优先选择当地廉价、购买和运输方便的碳源，如糖蜜、木薯粉、小麦粉、蔗糖等。添加量根据实际养殖水体氨氮含量计算。计算公式为

$$\Delta CH = 20 \times H \times S \times C_{NH_3\text{-}N} / \Delta C$$

式中 ΔCH——水体中添加糖蜜量（克）；

H——池塘水体深度（米）；

S——池塘水体面积（米^2）；

$C_{NH_3\text{-}N}$——水体中实时测定的NH_3-N浓度（毫克/升）；

ΔC——碳源中碳水化合物含量（%）。

添加方式：塑料容器称取碳源，用池塘水溶解稀释后全池均匀泼洒。

添加频率：若碳源添加量较多（>100千克），分多次泼洒，间隔不超过3天；若碳源添加量较少，可1次泼完，可以使水体中的C∶N保持在20∶1，此时有利于异养细菌的繁殖，最大化利用池塘中过高的无机氮等，起到降低氨氮等的作用。

添加时间：晴天上午，添加时开启增氧机。

6. 注意事项

（1）添加前后（至少 2 周）不得使用杀菌剂或其他消毒药物；添加后不换水，可补充蒸发和渗漏水量。

（2）氨氮浓度较高（超过 4 毫克/升）的池塘，为防止 1 次添加碳源后水体缺氧，可分 2～3 次添加，每次间隔 2～3 天。

（3）生物絮团的数量不能过多，过多会大量消耗系统的溶解氧与能量，过多的絮团会沉淀下来，以致有毒物质在底部蓄积，增加系统处理的负荷和难度，所以需要定期对生物絮团进行测定，移出过多的生物絮团。

（4）与非生物絮团导向的养殖系统相比，要适当减少投饵量。

（三）案例分析

在黑龙江省哈尔滨市选择 6 个 1 亩池塘进行养殖试验，在零换水基础上，采用生物絮团与微孔增氧技术相结合的方法，且在整个过程中未使用任何药物。结果表明，本方法整体取得了较好的水质调控效果，并且在高寒地区池塘亩产量达到了 1 100 千克以上。与传统养殖模式相比，本养殖模式中鱼体的存活率及产出投入比明显提高，且饲料系数明显降低。在本养殖模式中，用于水质调控（添加碳源和用于清塘的生石灰）的成本占总体养殖成本的1.02%～4.04%，平均为 2.29%；电力成本（微孔增氧和抽水注水耗能）占总养殖成本的 2.03%～3.35%，平均为 2.91%。在其他成本（饲料、鱼种、人工、池塘及折旧）不变的前提下，如果按照传统养殖模式进行养殖，其用于水质调控（水体消毒、杀虫及降氨氮药物）的成本则占总体养殖成本的 2.78%～4.39%，平均为 3.88%，较本模式高 1.59%；电力成本（池塘表面动力增氧的抽注水）占总体养殖成本的 4.82%～7.63%，平均为 6.73%，较本模式高 3.82%；养殖过程中的用水量较本养殖模式高 3.3 吨/亩。本养殖模式下的成本与传统养殖模式相比明显降低。因此与传统养殖模式相比，本养殖模式能够产生较好的经济效益、生态效益和社会效益。

七、运用底排污净化改良水质的鲤鱼健康养殖技术

（一）基本原理

养殖池塘底排污系统构建及管理技术是在池塘底部的最低处修建一个或多个集污口，在池边修建排污井，用地下管道连接集污口和排污井以形成一个连通器。排污时，拔出排污井中的插管，由池塘内外水位差产生的水压将池塘底部的废弃物压到排污井中，使其自主排出养殖池塘。排出的污水进入固液分离池，利用微生物制剂降解净化并沉淀，固体有机沉淀物作为有机肥用于种植农作物、蔬菜等，上清液作为农业用水直接排放出去，或进入池塘循环再利用，形成一个良性循环系统。

底排污池塘对底层污水和养殖沉积物的排出率可达80%，同时减少了用于清淤的80%以上能耗和劳动力；水体净化处理后通过抽提进入养殖池循环利用，可节水60%；底排污池塘与传统池塘相比，池塘底排污系统可以为鱼类创造良好的生活环境，可使亩产平均提高20%，饲料利用率提高3%～5%，成本折旧降低15%～20%，实现节能减排、低碳高效和养殖水体良性循环，能够推动渔业转方式调结构、实现产业转型升级。

（二）系统组成及构建要点

1. 池塘基本要求

养殖池塘面积大小不一，以20～50亩的高产高效养殖池塘为主，一般在春季4月适时修建、维护池塘底排污系统。池塘配备水产养殖物联网水质智能监控系统、立体增氧系统、投饵机等先进渔业生产设备。沙土、白僵土的池边一般用沙石、土工膜或防渗膜等进行护坡。

2. 系统组成

池塘底排污系统的设备设施主要包括锅底式池塘、拦鱼网、集污口、地下排污管、排污井、固液分离池、农田以及循环利用设施

等。池塘底排污系统平面结构示意图和剖面结构示意图分别见图 3-18 和图 3-19。

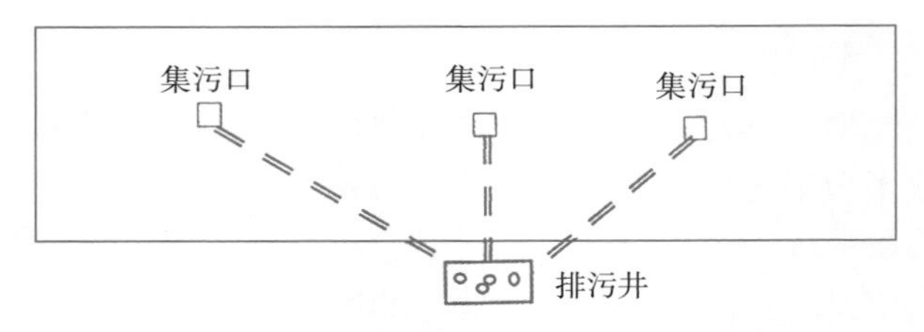

图 3-18 池塘排污系统平面示意图

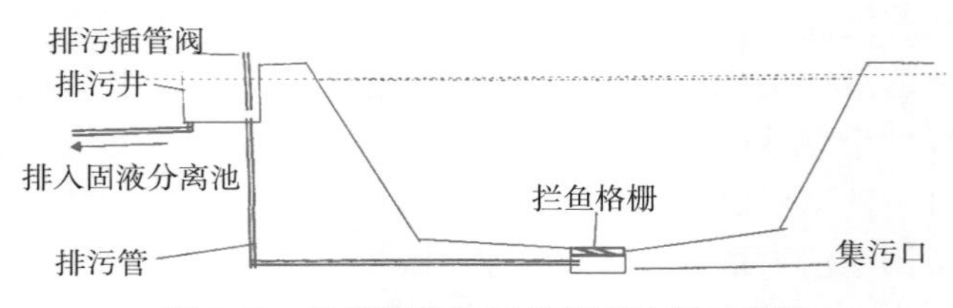

图 3-19 池塘底排污系统剖面结构示意图

3. 系统构建要求

池塘面积大小不限，5 亩以上的池塘就可建设底排污系统，池塘底部有 1%～2%的锅底形坡度，底排污系统建设与池塘面积、集污口数量、池底要求、集污口修建位置有一定的关系。池塘底排污系统建设基本要求见表 3-5。

表 3-5 池塘面积与底排污系统构建关系

池塘面积（亩）	集污口数量（个）	池底要求	集污口修建位置
<10	1～3	锅底形	池底中心最低处 1 个；沿池塘长边，以最低处排污口为中心，两边 20 米处各修建 1 个
10～30	3～5	锅底形，“十”字形排污沟	底中心最低处 1 个；沿“十”字形排污沟中心集污口左右 20 米处各修建 1 个
>30	5～10	多条平行排污沟	排污沟与池塘长边平行，低处修建多个集污口

4. 集污口修建

干塘后，在池底较低处修建低于塘底40厘米左右的砖混集污口，集污口呈直径100厘米的圆形或边长100厘米的正方形，开口四周边沿留宽、深各10厘米的凹槽，用于安装拦鱼格栅（图3-20）。拦鱼格栅的网格尺寸以养殖鱼类钻不出为准。集污口半径5米范围内用混凝土或土工膜固化，倾斜15°～30°。

图3-20 集污口周围土工布及拦鱼格栅

5. 排污井修建

排污井建在池坝的内边或外边处，底部与池底持平或至少低于池塘正常水面下1米，上部与池坝面持平，混凝土或砖砌四周粉刷，规格为1米×1米以上。排污管出污口数量与集污口数量一致，或合并为一个较大的出污口，出污口的管口高出底部20厘米。用PVC管作为排污插管阀，与出污口管紧密结合，长度要高出排污井上口50厘米，方便插拔。排污井底部或侧面建有出水口，出水口与固液分离池连通（图3-21）。

（1）排污管铺设　排污管一般采用直径160～200毫米的PVC管，将集污口与出污口连通，并有1%左右的坡度。管道掩埋在塘底下面，接口用弯头连接。

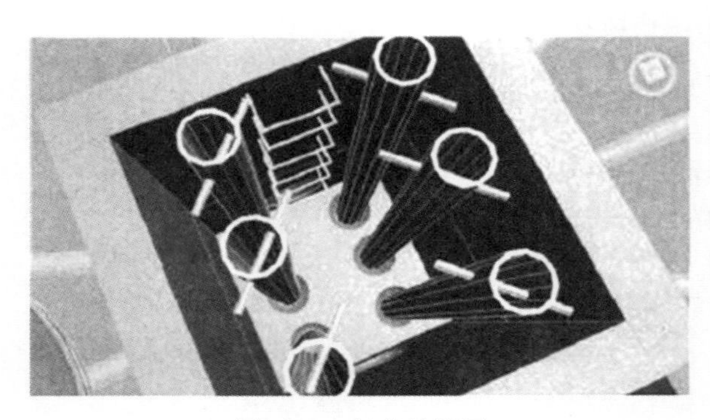

图 3-21 竖井俯视图

（2）固液分离池建设 固液分离池设置在排污井边上，规格大小根据养殖基地具体情况确定。上清液出口与池塘、农田或湿地相连。

（3）增氧设备配备 底排污池塘配套使用多种增氧机械进行复合增氧。选择增氧机种类（微孔曝气增氧机、水车式增氧机、叶轮式增氧机或涌浪式增氧机，选 3 种以上）；适当功率配备（0.7 千瓦/亩以上）；各种增氧机在池塘中应安放在最佳位置（水车式增氧机和微孔增氧机安装在投饵区外缘附近，叶轮式增氧机、涌浪式增氧机要远离投饵台）；掌控增氧机运行的最佳时段与溶解氧控制技术等。

（三）技术管理要点

在养殖周期内，正常情况每 15 天开启排污阀排污 1 次，6—8 月每 7～10 天排污 1 次。排污时，拔起排污井中的排污插管阀，池塘内外水压差将污水及底泥高速排出并使其进入固液分离池，每次排污时间控制在 3～5 分钟，当污水颜色和臭味变轻时，插上排污插管阀自动停止排污。老旧池塘每次的排污时间可以适当延长。

（四）案例

1. 池塘条件

山西水务水产开发服务公司（曾用名山西省水产开发服务公

司）永济鱼种场有2个池塘，1号塘为底排污模式试验塘，2号塘为传统养殖模式对照塘，面积各10亩，水深1.5～2米，各配2台3千瓦叶轮式增氧机、1台1.5千瓦涌浪式增氧机、2台水车式增氧机、1台自动投饵机。底排污系统按照刘汉元等（2012）的方法（专利：一种池塘养殖底排污水系统）建设。

2. 苗种放养

苗种放养前7天，全池泼洒三氯异氰脲酸干法清塘，每亩投放10千克，放苗前3天注满水。然后挑选规格整齐、体质健壮的鱼种，苗种入池前需经3%～5%的食盐水消毒。1、2号塘均放养黄河鲤鱼种2 250千克，每尾均重150克，搭配适量草鱼、鲢鱼、鳙鱼。

3. 养殖管理

按照“四定”“四看”的原则，每天投喂颗粒饲料4次，时间分别为7:00、11:00、14:00、18:00。日投饲量为鱼体重的3%～5%，具体投喂量视天气情况适量增减，阴雨天和低温天少投喂，晴天多投喂。每天记录投饲量，一般每7～10天增加1次投喂量。试验塘与对照塘投喂相同的配方颗粒饲料。晴天中午开涌浪式增氧机1～2小时，22:00后开启叶轮式增氧机，根据水质情况适量加注新水和换水。底排污试验塘每2～3天排污1次，每次排污10～15分钟，污水排入沉淀池。

4. 病害预防

养殖过程中遵循“预防为主，防治结合”的原则，在养殖水体中定期施用光合细菌、乳酸菌、芽孢杆菌、EM菌等有益菌种，以便使水质处在一个健康平稳的状态，在饲料中定期添加乳酸菌供鱼类采食，促进肠道消化。每天早、晚各巡塘1次，投喂时注意观察鱼类吃食情况，发现问题及时解决。

5. 养殖结果

从2016年4月29日放养鱼种至9月30日养殖结束，共养殖154天，两个池塘投喂相同重量的配方饲料，都为18.7吨，1号底排污池塘产出黄河鲤17 607千克，饵料系数为1.21；2号对照塘产出黄河鲤14 583千克，饵料系数为1.51。安装了底排污系统池塘的产量明显高于对照塘。养殖中后期底排污池塘水体氨氮、亚硝酸盐含量显著低于对照塘，溶解氧始终高于对照塘。这说明对传统养殖池塘进行底排污改造不仅能改良水质，还能提高养殖对象的产量。

八、郑州“168”绿色高效养殖技术（池塘循环水养殖技术）

（一）技术特点

2018年以来，郑州市水产技术推广站建成“168”绿色高效循环养殖系统，经试验，效果显著（图3-22、图3-23）。

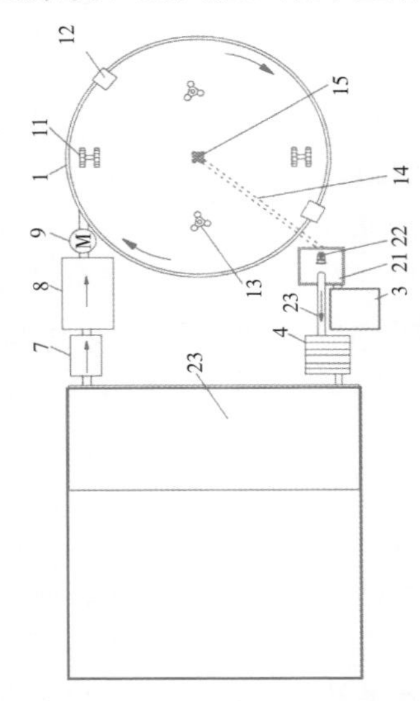

图3-22　一种圆形池塘循环水养鱼系统示意图

1. 漏斗形养殖池　3. 固液分离池　4. 曝气氧化池　7. 复氧池　8. 臭氧消毒池　9. 提水泵　11. 水车式增氧机　12. 注水口　13. 叶轮式增氧机　14. 排污管　15. 集污槽　21. 排污槽　22. 排污控制阀　23. 生态塘

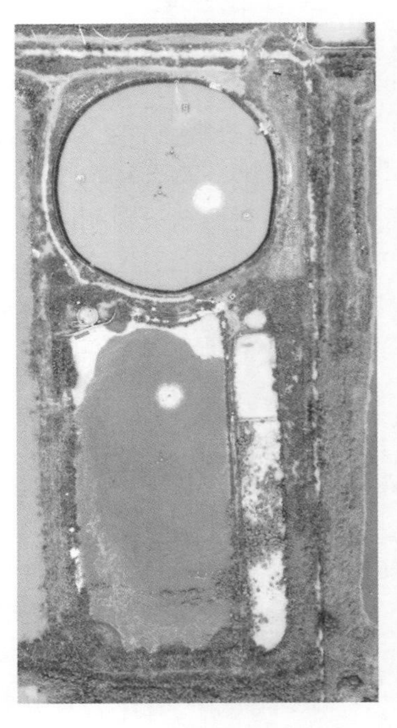

图3-23　一种圆形池塘循环水养鱼系统

“1”是指 1 000 米^2 以下的一个圆形鱼池。

“6”是指“六大技术”，包括漏斗设计、精准投喂、智能控制、生态循环、生物调控、温控养殖。

“8”是指八大好处，包括排出粪便、清洁生产；环境优良、病害减少；绿色环保、高效节能；生态健康、产品优质；水温可控、最适生长；科学利用、增产增收；成本降低、方便管理；原池吊水、提质增效。系统建设内容包括养鱼池、排污井、集污槽、曝气池，二级生态湿地、三级净化池和杀菌池；曝气池、二级生态湿地覆盖钢骨架大棚。

水循环处理方法：溢水经涡流粪便分离器处理后，经管道排至三级净化池最远处，经三级净化，在灭菌池进行紫外线或臭氧杀菌后，由循环泵抽至养鱼池循环，出水口要与水车式增氧机水流方向一致。集污槽上清液经过滤墙生物净化处理，有机物在曝气池被好氧菌分解利用，再经过滤墙进入二级生态湿地，水中营养元素被莲藕等水生植物生长利用，多余水再一次经过滤墙进入三级净化池。

该系统除可以养殖鲤鱼外，也可以养殖草鱼、罗非鱼、加州鲈等品种。

（二）系统组成及构建要点

1. 养殖池

养鱼池在土基上通过挖掘形成，上口直径40 米左右、池深 4～5 米为宜，池深 2 米处设置斜坡（坡比 1∶0.5），池底坡度 20°～40°，面积 1 000 米^2 以内为宜。

鱼池的锥形底设有与聚乙烯防渗膜密封连接的排污口，排污口通常采用混凝土浇筑而成，排污口通过地下排污管连通至排污井，该排污管在排污井内的一端设有三通管接头并通过水泥浇筑预埋在排污井的底部，该三通管接头上分别接通排污阀和溢水管，排污阀低于鱼池上边沿，溢水管伸出与三级净化池相连。

（1）集污槽 与排污阀相接，低于排污口，集污槽呈圆形（或方形），直径 5 米、深 3 米左右，厚度 24 厘米，设置于曝气池一侧。池底设长、宽各 50 厘米和深 60 厘米的吸污槽。

（2）曝气池 与集污槽相距 1 米建钢丝网过滤墙，埋设过滤材料，过滤墙宽 8 米、厚度 50 厘米、高 1.5 米，曝气池长 16 米，另一侧也设同样的过滤墙，底部是自然池底。

（3）二级生态湿地 与曝气池相连等宽，长 30～40 米，深 1 米，尾部与三级净化池相连，一侧设一过滤墙。

（4）三级净化池 与养鱼池和曝气池、二级生态湿地相接，宽与养鱼池等宽，长与集污槽、曝气池、二级生态净化池相加等长，池深 1.5 米，近养鱼池端池深 2 米，坡比 1∶1.5 左右。

（5）灭菌池 在三级净化池与养鱼池相邻的一角建直径 2 米的圆形（或长方形）灭菌池，以过滤墙为佳，厚度 50 厘米，以钢丝网＋钢管架子做成，里面填碎石，池深 2.5 米左右，基础要夯实。

2. 设备与安装

（1）增氧机 2 台 1.5 千瓦水车式增氧机，分别布设在鱼池的两边，水流朝向一个方向。2 台 1.5 千瓦变频增氧机稍居中，位置与水车式增氧机垂直。1 台 1.5 千瓦变频增氧机安装在三级净化池中央。1 台 3 千瓦罗茨风机安装在曝气池和杀菌池中，配备增氧盘。

（2）水泵 2 台 500 瓦循环泵（备用 1 台），放置在杀菌池，安装在离底部 1 米位置，用管道连接到养鱼池中。2 台抽水泵用于清塘。1 台吸污泵安装在集污槽最低处。

（3）涡流固液分离器 在溢水口设计安装直径 2 米的涡流固液分离器，通过排污管连接到集污槽。

（4）其他 增氧机控制器，控制 3 台增氧机。自动投饵机 1 台，安装在合适的位置。发电机组 1 台，紫外线杀菌设备 1 台或臭氧发生器 1 台。

3. 操作规程

（1）加水与清塘 水源用地下水或河水，鱼池先加水至 1/2 高度，检查有无漏水，底排管道是否出现渗水或下陷现象。确认正常后逐步加水，仔细检查溢水和排污管道是否畅通、有无异常。溢水直接进入三级净化池至平均水深 20 厘米，泼洒生石灰或漂白粉对三级净化池进行清塘消毒。5 天后向三级净化池中加水至 1.5 米，并开始循环运行。

（2）水生植物种植　选择合适时间在曝气池中种植水生蔬菜，种植在浮床上；二级生态湿地种植莲藕等。三级净化池做好 15%面积的浮床，扦插空心菜、西洋菜等水生植物。

（3）放养鱼种　在鱼池中放养从良种场购买的优质鲤鱼种，每平方米 200～250 尾，每尾体重 50～100 克，要求无病无伤，经 5%盐水浸洗 3 分钟杀菌灭虫后放入鱼池。在三级净化池中放养鲢鱼、鳙鱼，比例 3∶1，规格约 300 克/尾，每亩 300 尾；鲤鱼种每亩 10 尾，草鱼每亩 10 尾。

（4）投喂饲料　全程采用优质漂浮性精养配合饲料，饲料不得过期或变质。水温在 12～15℃时每天投喂 1 次；高于 15℃，每天投喂 2 次，上下午各 1 次；视天气和吃食状态增减饲料，以八成饱为佳。

4. 日常管理

（1）定期补充新水　定期加水保持水位，春季三级净化池水位平均 1 米左右，随温度升高，逐渐加水至 1.5 米，养鱼池中保持正常水位即可。

（2）增氧机使用　保证 1 台水车式增氧机全天 24 小时开启，另 3 台与控制器相连，溶氧控制在 6 毫克/升，自动控制。三级净化池前期白天中午开机 2 小时，中后期晚上及时开启。曝气池根据需要定时开关。如遇停电，需及时开启发电机，保证增氧机正常使用。

（3）排污集污　每天 7:00—19:00，每隔 2 小时打开排污阀，2～3 分钟关闭。投喂饲料 0.5 小时前、后各排污 1 次，时间视粪便排出情况定。排污前提前 30 分钟关闭叶轮式增氧机，保持水车式增氧机，水体的旋转会更有利于粪便集中于鱼池底部，打开排污阀，利用落差使粪便瞬间涌出鱼池进入集污槽，定期用吸污泵把沉积的粪便抽出去，经杀菌晾干或压滤制成肥料。

（4）水生蔬菜管理与收割　在曝气池、三级净化池中种植空心菜和西洋菜，定期收割。三级净化池中种植的空心菜在浮床下方用网隔离，避免草鱼啃吃根部。二级生态湿地种植莲藕，合理密植，后期成熟后清除茎叶，及时补种适合低温生长的西洋菜等。前后期通过大棚保温，延长水生蔬菜的生长期。

（5）水质管理　定期对处理前、处理后的水质进行检测，根据需要及时补充有益菌藻，如小球藻、硅藻、光合细菌、乳酸菌等。集污槽、曝气池要定期补充硝化细菌，改良水质。

（6）循环系统　定期补充新水，保持循环用水。要保持过滤墙畅通，如堵塞要及时清理。

（7）鱼病防治　定期检测水质和镜检鱼体，发生鱼病要及时对症治疗，一般采用外用生石灰、漂白粉全池泼洒杀菌，用中草药驱虫杀虫，给鱼类内服大蒜、三黄粉等。坚决杜绝使用违禁药品。

（8）产量控制　1 000 米^2 养鱼池产量控制在 20 000～30 000 千克为宜，注意商品鱼最佳上市规格。

5. 吊水销售

鱼长至商品鱼规格后，逐渐停止投喂饲料，加注井水，及时排出粪便，保持增氧机正常开关。停食后“吊水瘦身”去土腥味，分 15 天、30 天、45 天不同瘦身时间，按 3～4 个级别销售。

第七节　稻田饲养技术

一、饲养鲤鱼稻田的基本建设

用于饲养鲤鱼的稻田一般需进行如下基本建设：

（一）加固加高田埂

田埂高 50～70 厘米，宽为 35～45 厘米，宽度随田埂高度增加而相应增大。修筑田埂时应把泥土夯实，做到不漏不垮。在田埂的两侧及顶端种植一些草、瓜、豆类作物，以利用其根系护坡。

（二）开挖鱼沟和鱼溜

鱼沟宽、深均可为 40～60 厘米。小的田块可开挖成“十”字形鱼沟，大的田块开挖成“井”字形或“丰”字形鱼沟。还可绕稻田四周开挖围沟，围沟沿田埂走向并距田埂 1 米左右（图 3-24）。

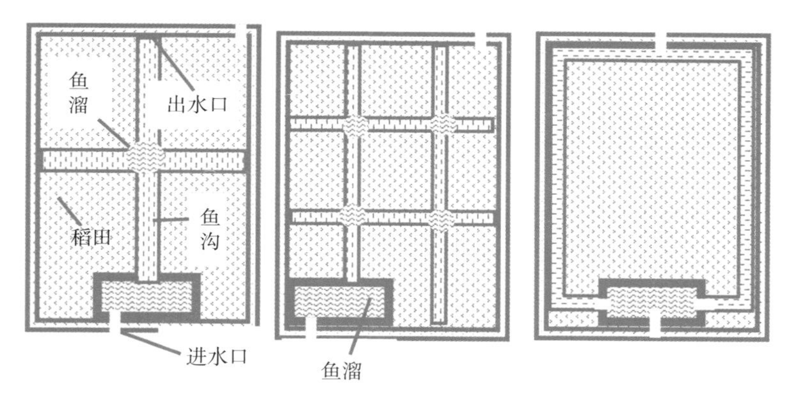

图 3-24 鱼沟、鱼溜的形式

鱼溜多开挖在鱼沟的交叉处或田边、田头等，形状有长方形、方形、圆形等。面积依田块大小、水源条件、鱼的放养数量等而有较大差异，小则几平方米，大则几十平方米，深度一般为 0.8～1.5 米。大的田块可多开挖几个鱼溜。也有的不开挖鱼溜，而在稻田的一侧或四周开挖较深的宽沟。鱼沟、鱼溜的开挖面积不超过稻田总面积的 10%。

（三）开挖进、排水口，设置拦鱼设施

在稻田长边的对角线的两端开挖进、排水口，并与沟、溜等相通，以利稻田进、排水通畅，避免产生死角。进、排水口的大小除了应满足田块正常用水外，还应满足短时间内排出大量积水的需要。排水口底面与稻田泥面持平或略低于泥面，并随生产过

程中稻作和养鱼对田水深度的要求而调整排水口的底面高度。进、排水口两侧及底面最好用砖块或石板砌牢，以避免流水长期冲刷而发生变形或崩垮。在进、排水口须安装拦鱼设施，以防逃鱼和野杂鱼、敌害生物进入田内。拦鱼设施多用竹栅、金属网或纤维网等。

（四）搭遮阳棚

稻田水浅，夏季水温变化幅度大，因此酷热天气最好在鱼溜上搭设遮阳棚以降温。

二、水稻品种选择与栽植

水稻品种的选择既要考虑稻田饲养的特点，又要考虑当地气候、土壤条件以及种植习惯等因素。从近年的生产实践来看，饲养稻田选用的水稻品种应耐肥力强、不易倒伏、抗病虫害、耐淹、株形紧凑、品质好、产量高等。

水稻一般是先育秧、后移栽。通常采取条栽的方式进行栽植。鱼沟、鱼溜边应适当密植，以充分发挥边行优势。

三、稻田饲养方式

稻、鱼共生的饲养方式主要有双季稻田连作饲养和单季稻田并作饲养。

双季稻田连作饲养即在同一块稻田中连种早、晚两季水稻，鱼在早、晚稻田中连养。此法较适宜在我国长江流域及其以南地区进行（图 3-25）。鱼在稻田中的生长期较长，双季稻田连作饲养可使鱼达到预期的商品规格和群体产量。

单季稻田并作饲养主要指在一年中只种一季中稻或一季晚稻的稻田中养鱼。在我国除北方地区种植单季稻外，中部及南方地区也有部分地区种植单季稻。多在单季稻田中饲养鲤鱼。

图 3-25　南通某地稻田养鱼

鲤鱼可作为单一品种在稻田中饲养，也可以主养，适当搭配些鲢、鳙鱼，一般不搭配草鱼。鲤鱼种的放养规格：双季稻田连作饲养时，可为 50 克左右；单季稻田并作饲养时，由于饲养期较短，放养规格应大一些，可为 75～100 克。鲤鱼种的放养密度可为每亩 200～350 尾。稻田插秧后 1 周即可放养。为了提早放养，也可先把鱼种放入事先挖好的鱼溜内，待水稻种植并返青后再增加稻田水位，使鱼从鱼溜内游入稻田中生活、生长。

四、稻田饲养与管理

（一）投饲

在稻田中除使鲤鱼充分利用天然饵料生物外，还要对其进行合理投饲。可投喂豆饼、花生饼、麸皮、玉米面等饲料，也可投喂颗粒配合饲料。每天 9:00、13:00 各投喂 1 次，日投喂量一般为鱼体重的 2%～4%，并根据季节温度、天气状况、鱼的活动和摄食情况等灵活掌握。饲料通常投放在鱼溜内，并最好在其中设置饲料台，进行定时、定位、定质、定量投喂。

（二）施肥

施肥不仅能满足水稻生长对肥分的需要，使稻谷增产，而且能促进稻田内浮游生物和底栖生物的繁殖生长，为鲤鱼提供更多的天然饵料，但施肥要合理。水稻施肥总的要求是施足基肥、巧施追肥。基肥以腐熟好的有机肥为好，有机肥分解较慢，肥效时间长，于稻、鱼都有利。追肥主要追施分蘖肥、增穗肥和结实壮粒肥。追肥应使用对鱼类无害的化肥，氮肥最好使用尿素、硫酸铵或硝酸铵，磷肥最好用过磷酸钙，钾肥宜用氯化钾。追施化肥时最好将鱼集中于鱼溜和鱼沟内，然后按限额定点使用化肥，或将化肥拌入黄土中揉和成泥团，施入稻苗中间 7～10 厘米的泥土中，这样化肥用量少、肥效好，且不危害鱼类。对后期需追肥的稻田，可将化肥溶解后用喷雾器洒在稻叶上，进行根外追肥。

（三）田水调控

鱼要求田间水深、水量大，而高产稻田则要求“寸水活棵、薄水分蘖、沥水烤田、足水抽穗、湿润黄熟”。因此在用水方面一定要处理好水稻用水与鱼类用水之间的矛盾，做到既满足水稻生长发育过程中的生理生态需要，又能使鱼较好地生活、生长。沥水烤田可促进水稻根系生长，增强根系活力，饲养稻田一般采取短期轻烤的方法，即分蘖末期之前稻田田面保持 5～10 厘米水深，让鲤鱼进入稻田活动、觅食、捕食害虫；烤田时逐步降低田面水位，到田面露出即可，以便让空气进入土壤，阳光照射田面可杀菌、增温和促进氧化等。烤田时应把鱼从田面引入鱼溜和鱼沟中。烤田完毕要及时加注新水至原来水位。在鱼生长旺季，投饲量较多，水质极易变差，因此应经常换注新水，以保持水的清爽和溶解氧的充足。

（四）水稻用药

选用高效低毒低残留的农药，并严格控制剂量和选择正确的施用方法。粉剂农药宜在早晨稻株带露水时撒施，水剂农药宜在晴天露水干后喷施。施药时田间宜灌深水，以降低田水含药浓度，施药后要立即更换池水。施药时或可将田水排干，让鱼进入鱼沟、鱼溜后再施。同一块稻田也可采取分片隔日施药方式，即第 1 天在半块田内施药，让鱼游到另外半块田中回避，第 2 天再在另外半块田内施药。喷施药液（粉）后万一发现鱼类不适，应立即加灌新水，或一边注水一边排水。

（五）日常管理

坚持每天早晚巡田，观察水质变化情况、鱼活动摄食情况以及水稻长势，以决定投饲和施肥。检查田埂是否有漏洞、坍塌，拦鱼设施是否完好，以防鱼逃走和野杂鱼进入。要做好防洪、排涝、防逃工作。要经常疏通鱼沟，以使鱼在稻田施肥、施农药、烤田时能安全地回避到鱼沟、鱼溜中，并能自由地出入鱼沟、鱼溜、稻田觅食。

五、鱼的收获

鱼一般在水稻收割前收获，也有在水稻收割后收获的。收获前要疏通鱼沟，并准备好捕捞用具，如抄网、小拉网、网箱、水桶等。收鱼时放水要慢，以使鱼逐步地集中到鱼沟，再将鱼沟内的鱼赶到鱼溜中，用抄网或小拉网捕获出搭配的鲢、鳙鱼和小部分鲤鱼，最后再排干鱼溜内的水，将鲤鱼全部捕出。捕起的鱼应立即冲洗干净，并分类放入网箱中暂养，稍作暂养后即可运到市场上销售。

第八节　病害防控技术

一、发病的原因

鲤鱼是优良的养殖品种，具有适应水生环境的身体结构和生理机能。但是养殖水体环境始终处于变化状态，而鲤鱼对水体环境变化的适应能力是有一定限度的，当水体环境变化过于频繁或变化幅度过大，超过了鲤鱼的适应能力，鲤鱼就会患病甚至死亡。因此可以认为鲤鱼患病是由于外界环境因素和鱼体内在因素（适应力、抗病力）发生矛盾的结果（图 3-26）。

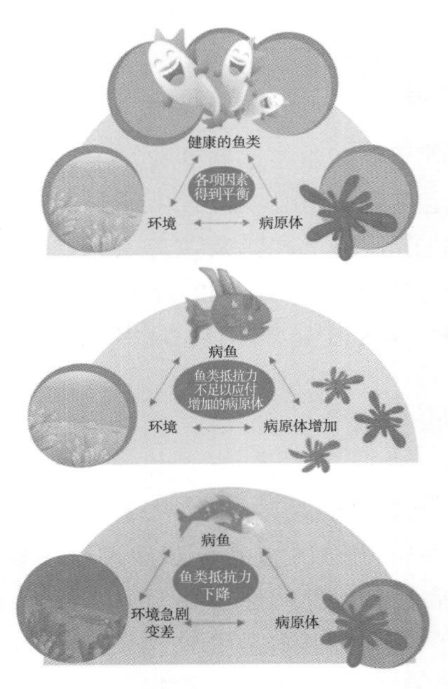

图 3-26 鱼病与环境和病原体的关系
（引自《养殖鱼类疾病防治手册》）

鲤鱼发病的原因主要有三个：水体环境中存在病原体；鲤鱼抗病力下降；水体环境变差甚至恶化。

二、防控策略

疾病防控需要贯彻“全面预防、科学治疗”的原则。预防疾病需从三方面着手：保持良好的养殖环境，防止水体环境变差；使用卫生而又营养丰富的饲料，增强养殖鲤鱼群体的抗病能力；减少病原体进入水体环境的机会。

（一）保持良好的养殖环境

1. 卫生管理

定期清理水面杂物，保持水体环境卫生。妥善处理鱼尸体及垃圾能减少过量的有机物及病原体进入水体，并能有效减轻溶解氧下降及细菌滋生的影响。

如发现鲤鱼死亡，应立即收集鱼尸体并放入垃圾袋，然后焚烧或掩埋，以免水质变坏及病菌传播。如遇到大量鲤鱼死亡，应报告县级水生动物病害防治站。

2. 水质监测

疾病发生一般出现在养殖池水质变差或恶化 1～2 周后。通过对水质各参数的监测，及时纠正不利于鲤鱼生长和健康的各种因素。一般来说，必须监测的主要水质参数有 pH（7.0～8.5）、溶解氧（高于 4 毫克/升）、分子氨（低于 0.01 毫克/升）、亚硝酸盐（低于 0.1 毫克/升）、硫化氢（低于 0.005 毫克/升）、透明度(20～30 厘米）等。

3. 水质调控

溶解氧管理是池塘水质管理的中心。

（1）物理调控

①注水　养殖前期，每天添加水 3～5 厘米，使池水由开始放苗时的较浅水深逐步达到 1.2～1.5 米。注水时用 60 目的锥形网过滤。

②增氧　配置足够的增氧设备，合理使用增氧机、鼓风机和水质改进机。增氧机可采取晴天中午开，阴天清晨开，连绵阴雨半夜开，傍晚不开，预防浮头时早开；主要生长季节坚持每天开的原则。

（2）化学调控　通常在水体中有针对性地加入水质改良剂，促使污染物混凝、沉淀、氧化还原、络合等，从而改善水体环境。

①生石灰　有消毒、改良底质和改善水质的作用，还能与某些金属如铜、锌、铁等络合，从而减少它们在水中的毒性。用法：使

水体中生石灰浓度达到 15～25 克/米^3。

②过氧化钙　具有供氧、杀菌、缓解酸碱和平衡的作用。用法：使水体中过氧化钙浓度达到 5～10 克/米^3。预防浮头时，可于当晚施用 10～15 克/米^3；发生浮头时，立即施用 15～20 克/米^3，1～2 小时后再追施半量。

③十二水硫酸铝钾（明矾）　无色透明晶体，水解后产生氢氧化铝乳白色沉淀，可以吸附水体中的胶体颗粒，形成絮状沉淀，从而提高水的透明度，一般适用于浮泥和胶体物质较多的不洁的水。用法：使水体中明矾浓度达到 0.5～1.0 克/米^3。

（3）生物调控　生物调控是利用微生物和自养性植物（如绿色藻类、高等水生植物）改良水质。其原理是这些微生物和植物可以吸收利用水体中的营养物质，将残饵与代谢产物转化为可利用资源或转移出水体，从而达到净化水质的目的。

①微生物净化　养殖中后期，养鲤池有机污染速度大于水体自净速度，向水体补充净水微生物可以达到净化水质的目的。

A. 光合细菌　光合细菌在无氧有光、有氧无光以及无氧无光条件下均能取得能量生长。因此光合细菌投入养殖池后，能迅速消除水体中的氨、硫化氢、有机酸等有害物质，平衡 pH，改善水质。用法：水体泼洒 10～15 毫升/米^3，养殖后期每月泼洒 1～2 次。

B. 净水活菌　由多种化能异养菌（如芽孢杆菌、乳酸杆菌等）组成，具有改善水质等多种功能。它们克服了光合细菌不能直接利用大分子有机物且不能分解生物尸体、残饵、粪便等的不足，不仅能净化水质，还能为单细胞藻类的繁殖提供大量营养。净水活菌大量繁殖，在池内形成优势菌群，可抑制病原微生物的滋生，减少病害。用法：水体泼洒 5～10 毫升/米^3，养殖后期每月泼洒 1～2 次。

使用微生物制剂净化水质，须保证水体溶解氧充足，同时补充碳源，一般每次补充量为 1～1.5 克/米^3。

在使用微生物制剂前后 3 天，一定要禁止使用消毒剂或抗菌药物。

②移植或种植水生生物　利用生态浮床移植或种植水生生物进

行原位修复，在一定时间内可降低池水的氮、磷含量。生态浮床的面积以占水面面积的10%～20%为宜。

③固定化生态基净化　将抗腐烂的人造纤维或塑料薄膜扎成草把，将其作为生物载体吊挂在池中，使其上附着各种有助于转化无机物的细菌菌膜，以及固着藻类、原生动物，通过增加微生物种群数量达到净化水质的目的。

④滤食生物的净化　养鲤池塘应放养适量的鲢鱼和鳙鱼，从一开始就构建一个健康的养殖生态结构/系统。

（二）增强养殖鲤鱼群体的抗病能力

1. 鱼苗、鱼种的选择

应从具备生产资质的鲤鱼繁育场购买，繁育场应出具良种证书、苗种健康“卫生检疫证明”。应选择体质健壮，鳞、鳍完整，体无病伤，色泽鲜明，游动活泼的个体。

2. 坚持“四定”投饵

坚持定质、定量、定时、定位投饵，及视水温、水色、天气、鱼类吃食情况酌情投饵。严禁投喂腐烂霉变饲料，严禁超量投饵。

3. 做好鱼体保健

从春季水温上升到20℃开始以及秋季水温下降到28℃开始，在饲料中添加芪参散等，提高鲤鱼的非特异性抗病能力。用法：每吨饲料添加芪参散2.5千克，连续投喂3～4周，芪参散拌饵投喂。也可采取“脉冲式”投喂，用法：每吨饲料添加芪参散2.5千克，每月拌喂一个疗程，一个疗程为5～7天。

（三）控制和消灭病原体

1. 消毒

（1）工具消毒　定期彻底消毒渔具，并放置于烈日下晾晒。用于消毒的药物有高锰酸钾100克/米^3，浸洗30分钟；漂白粉5%，浸洗30分钟。

（2）池塘消毒　放养前1周，对养殖池进行清塘消毒。常用清塘消毒剂为漂白粉，使用时保持水深5～15厘米，用量10～15千克/亩，第2天将池底耙1遍。

（3）放养前浸洗消毒　鱼卵孵化前应消毒：使水体中聚维酮碘浓度达到100克/米^3，每次浸洗15分钟，每日1次，连用2～3次。

亲鱼及大规格鱼种放养时浸洗消毒：使水体中食盐浓度达到25千克/米^3，浸洗10～20分钟，以鱼体颜色略变淡、不死鱼为准；或者使水体中高锰酸钾浓度达到20克/米^3，浸洗10～15分钟，要求现配现用。

（4）放养后水体消毒　水花、夏花或大规格鱼种放养后，用聚维酮碘全池泼洒消毒1次。方法：使水体中聚维酮碘浓度达到0.3克/米^3。

2. 病原控制

（1）寄生虫控制　根据鲤鱼健康检查结果，必要时杀虫。原生动物可使用硫酸铜、硫酸亚铁粉，使水体中硫酸铜、硫酸亚铁浓度分别达到0.5克/米^{3}与0.2克/米^3，隔日用药1次，连用2次；单殖吸虫可使用甲苯咪唑溶液，使水体中甲苯咪唑浓度达到0.01～0.015克/米^3，隔日用药1次，连用2次；甲壳类寄生虫可使用精制敌百虫粉，使水体中敌百虫浓度达到0.3～0.5克/米^3，隔周用药1次，连用3次。

（2）水体消毒　不建议定期对水体进行消毒，以免破坏水体微生物系统的稳定而影响水体的自净能力和水质稳定，但必要时或治疗疾病时须消毒。用于消毒的药物有：

①氯制剂　使水体中有效氯浓度达到0.2～0.3克/米^3，隔日1次，连用2次。

②聚维酮碘溶液　使水体中聚维酮碘浓度达到0.1～0.2克/米^3，隔日1次，连用2次。

3. 病鱼隔离及处理

若有鲤鱼染病，应及早隔离，并进行适当的治疗，防止疾病传播。管理措施：如发现鲤鱼受感染，必须立刻将病鱼隔离，并进行适当的治疗。应按执业兽医师开具的处方处置。

三、健康检查

定期进行健康检查有助于及早发现病鱼，找出病因，进行科学的治疗，以及防止疾病的传播。因此养鱼户应经常为养殖鲤鱼进行简单的健康检查。首先应观察鲤鱼的行为（第一阶段），留意鲤鱼摄食量是否减少或出现异常游泳行为，如确定异常行为与环境因素无关，便应立即为鲤鱼进行更深入的健康检查（第二阶段），如检查鲤鱼体表、鳍和鳃，以及观察体表是否有寄生虫。如发现任何疾病症状，应立即报告县级水生动物病害防治站，由水生动物类执业兽医师诊断并提供合适的治疗建议。

（一）鲤鱼行为观察

养殖巡塘是一项日常性的工作，每天早、午、晚巡塘，观察养殖鲤鱼的活动情况，注意鲤鱼的摄食活动是否正常、饲料是否过剩、是否有鱼浮头，以及天气突变引起的变化，以便能及时发现问题（表 3-6）、尽早处理。

表 3-6 养殖鲤鱼的正常与异常情况的比较

观察项目	正常情况	异常情况	预判定
水面	无风的情况下，水面平静	水面局部波动大、翻滚，有时形成较大的波纹	缺氧
活动情况	活动正常，反应灵活，不离群独自活动，不浮头	离群漫游，或群体浮于池边不动	中毒、缺氧、病态
		在水中打转或狂游，焦躁不安	寄生虫、中毒
体色	正常，鲜艳有光泽	失去光泽，变黑或褪色	病态
体表	完整，黏液正常，没有异物	黏液增厚或出现白膜状物；有异物挂体（泥沙或絮状物），局部发红或溃烂	中毒、寄生虫、细菌性病、水霉

（续）

观察项目	正常情况	异常情况	预判定
体型	大小适中	消瘦	营养不良
吃食	食欲旺盛，上食台抢食	不上食台，在外围漫游；残饵过多	缺氧、已感染疾病
水色	黄绿色、褐绿色早晚变色	蓝绿色、深绿色、早晚水色不变化	蓝藻水华、眼虫
		水清黄色	水瘦或三毛金藻
		水清褐色	甲藻

（二）鲤鱼体检查

在鲤鱼出现异常时，如池塘中出现养殖鲤鱼运动迟缓、吃食减少、体色异常时，就需对鲤鱼进行检查，及早发现疾病。

1. 体表检查

检查鲤鱼体表面及鳍，鲤鱼体表面及鳍出现损伤，是受感染的最明显症状之一。常见的鲤鱼病表面症状有：

（1）体色变黑　大多数病鲤体色变暗、发黑，甚至全身发黑，如营养缺乏、水质不良所引起的应激、铅中毒等。

（2）体色减退　部分病鲤外观变得苍白，如缺乏胆碱与脂肪酸等。

（3）黏液增多或减少　鲤鱼表皮能分泌一层厚薄适度的黏液，其不断脱落和补充能防止细菌的生长繁殖。但黏液分泌亢进会造成鲤鱼衰竭。不良水质以及原生动物、单殖吸虫等寄生时均刺激鲤鱼体表黏液分泌亢进，黏液在皮肤、鳃及鳍上形成一层淡蓝色或灰色膜状物，有时会因附着物不同而呈现不同的颜色。细菌感染时，如鲤白云病，大量黏液在体表形成一层白色云雾状薄膜。有些疾病在后期则表现为脱黏，如漂游口丝虫病，手感鱼体粗糙。

（4）出血　微生物感染、维生素C缺乏、缺氧、中毒等都可造成出血。

（5）充血　机械、物理、化学等因素和微生物感染都可引起充血。

（6）突眼　多种传染性疾病有眼球突出现象，如鲤竖鳞病等。

(7) 鱼鳞脱落　细菌性、真菌性疾病常引起脱鳞、发炎现象。

(8) 溃烂　气单胞菌感染常引起体表溃烂。

(9) 疖疮和脓肿　气单胞菌感染常产生疖疮和脓肿。

(10) 烂鳍烂尾　细菌感染常造成鳍条和尾柄的蚀烂。

(11) 斑点　寄生虫感染会在鱼体表形成各种不同的斑点。

(12) 囊状物或结节　皮肤和鳍上可出现多种囊状物或结节。

(13) 大型病原体　体表有时可见锚头鳋、鱼虱、水霉等肉眼可辨识的大型病原体。

(14) 泄殖孔变化　患鲤春病毒血症的鲤鱼肛门红肿，患肠炎的鲤鱼肛门红肿外突。

(15) 躯体变形　感染造成的腹腔积液，杀虫剂、重金属中毒，维生素C缺乏等常造成躯体变形。

2. 鳃部检查

检查鲤鱼鳃，出现黏液增多，鳃呈白色、暗红色、棕褐色或花斑状，或不同程度的腐烂，即表示鲤鱼可能受到感染及鳃功能受损。

(1) 颜色改变　微生物、寄生虫感染常致鳃颜色改变及黏液增多。因营养缺乏、外伤、传染病等发生贫血的鳃呈苍白色。铁质沉积（如酸性水质）使鳃表面呈黄色。患鳃霉病和变性血红蛋白症（水中亚硝酸盐含量过高）的鲤鱼鳃呈棕褐色。寄生虫刺激会造成鳃黏液增多，呈苍白色。

(2) 鳃丝缺损　病毒性、细菌性、真菌性鳃病，甲壳类和原虫类伤害，强酸、强碱水质以及滥用药物均可造成鳃丝缺失，其本质是鳃丝坏死。

(3) 大型病原体　鳃表面有时可见锚头鳋、中华鳋、水霉等肉眼可辨识的大型病原体。

(4) 囊状物或结节　多种寄生物可在鳃上形成白色囊状物或结节，如孢子虫、小瓜虫和钩介幼虫寄生。

3. 内脏器官检查

用剪刀从肛门处向前剪至胸鳍基部，然后再回肛门部位向左上方沿侧线剪至鳃盖后缘，向下剪至胸鳍基部，除去整片侧肌。观察内脏是否有腹水和大型寄生虫（如线虫、绦虫等），肝、脾、肾等内脏器官是否有充血、出血、肿大等病症，肠道是否有炎症或出血症状，肠道有无食物等，并结合体表的观察，对鱼的异常做出进一步判断。实质性器官如心脏、肝脏、肾脏、脾脏等的损伤往往会危及鱼的生命。

（1）腹腔腹水　腹部膨胀的传染性病鲤剖检时大多数可见腹腔腹水，颜色透明或混浊或血红。

（2）贫血　出血性、溶血性的微生物感染症和血液寄生虫可造成贫血，部分或全部内脏器官颜色苍白。

（3）结节　细菌感染症在内脏器官形成白色的肉芽肿或坏死病灶，孢子虫类、线虫类可在内脏器官表面或内部形成不同颜色的结节。

（4）充血或出血　内脏组织充血或出血是微生物感染的普遍症状。

（5）器官肿大　细菌感染（如嗜水气单胞菌感染症）、中毒、维生素缺乏、长期处于低溶解氧水中、饲喂高脂肪的饲料等均可造成肝脏明显肿大。大多数病毒性疾病会造成脾脏、肾脏的轻度或严重肿胀。细菌性疾病（如细菌性败血症）可造成胆囊肿大。

（6）器官坏死　重金属和藻类中毒等可造成肝坏死。传染性疾病可造成脾脏、肾脏出现坏死灶。

（7）鳔积水　嗜水气单胞菌感染可造成鳔积水。

（8）肠、鳔发炎　病毒和细菌感染可造成肠发炎、充血、肿胀，后期肠黏膜脱落坏死，肠管内充满各色黏液。病毒感染（如鲤春病毒血症）、细菌感染（如嗜水气单胞菌感染症）、寄生虫（如嗜子宫线虫）寄生等可造成鳔充血发炎、肿胀。

（9）包囊　孢子虫在内脏器官形成各种不同的包囊，如患吉陶单极虫病的鲤鱼肠内充满大包囊，肠被胀得很粗。

（10）肌肉组织可见病变　病毒以及细菌感染可造成肌肉组织点状充血、淤血或瘀斑，孢子虫、复殖吸虫后尾蚴等经常在肌肉中形成各种结节或包囊。

自行监测鲤鱼病的工作流程参见图 3-27。

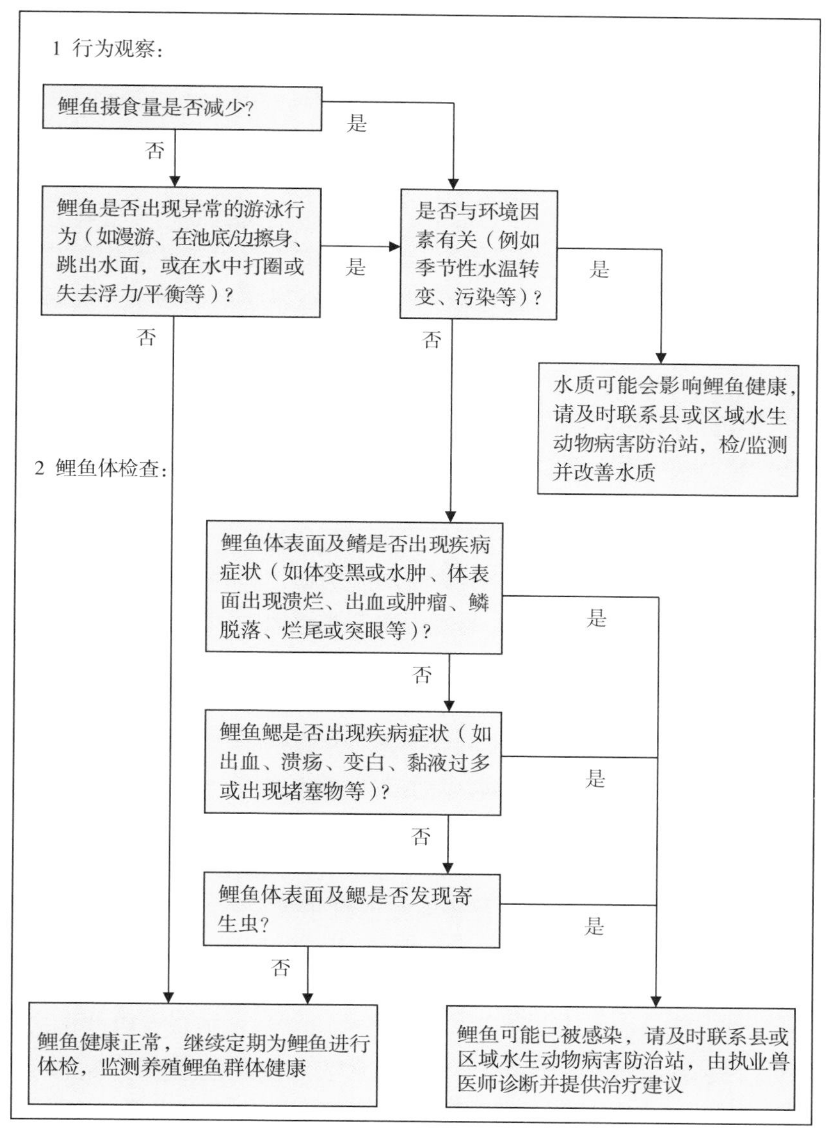

图 3-27　自行监测鲤鱼病的工作流程

四、治疗

鲤鱼的病害与其他养殖鱼类的病害一样，可以分为非病原性疾病和病原性疾病两大类。非病原性疾病包括气泡病、浮头、中毒症、营养不良症等。病原性疾病包括病毒病、细菌病、真菌病等微生物传染性疾病，以及原生动物病、单殖吸虫病、复殖吸虫病、绦虫病、线虫病、棘头虫病、甲壳动物病等寄生虫侵袭性疾病。

病毒病无药可治，其治疗原则是预防继发感染症和恢复抗病力（免疫力）。细菌病和真菌病等传染病应分离病原体确诊，通过药敏试验实行精准用药治疗，以恢复养殖鲤鱼群体的抗病力，同时对养殖水体进行消毒。寄生虫病应检查病原体进行确诊，实行精准用药治疗。

理论上，在养鲤鱼的各个生产环节做好全程预防工作是可以避免疾病发生的。但在实际生产中，养鲤鱼的各个生产环节通常不在一个场所实施，因此疾病发生有时不能避免，轻视疾病的传染性而拖延救治是导致养殖鲤鱼大量死亡的主要原因，因此受感染的鲤鱼必须立刻隔离、尽早治疗，才可提高治疗的成功率。

如遇鲤鱼发生传染病，业主应及时向县级水生动物病害防治站报告，由执业兽医师诊断并出具处方。常见病害如下：

1. 鲤浮肿病（鲤昏睡病、急性烂鳃病）

（1）病原体　鲤浮肿病毒。

（2）传染途径　病毒从受感染鲤鱼或污染的渔具传播到其他鲤鱼，传染速度极快，1～2 天感染整池鲤鱼。受感染鲤鱼的病死率可达 90%。高投饵率、换水、天气突变、拉网等应激过大，以及缺氧、气泡病等是该病的诱发因素。7～28℃均可发病。

（3）临床症状　病鲤上浮、聚堆游边或呈昏睡状，眼睛凹陷，鱼种阶段有时出现全身浮肿，低温期体表和鳃黏液增多（彩图 40、彩图 41），多数病鲤鳃丝局部严重溃烂，个别鱼体表出血、内脏器官出血。冬季发病时，发病鲤鱼晴天在下风口上浮、聚堆，在水面漫游或停滞，体表有灰白色黏液。

（4）治疗方法　无。抗生素及其他渔药也无治疗作用。疑似发生鲤浮肿病时，应立即停止投饲，多开增氧机，可加水，不宜换水，避免产生新的应激，造成病情加重及蔓延。死鱼应深埋，做无害化处理。当病情有所缓解，病死率显著下降后，逐渐恢复投饲，饲料中可拌入芪参散或维生素C，修复鲤鱼的抗病力；同时用聚维酮碘溶液消毒水体，使水体中聚维酮碘浓度达到0.1～0.2克/米^3，隔日1次，连用2次。要注意控制投饲量，不可增料过快。待水温升至28℃以上（春夏季节）或下降至23℃以下（夏秋季节），病情明显好转后，才可转入正常养殖生产。

2. 肠炎病

（1）病原体　气单胞菌。

（2）传染途径　气单胞菌属细菌是条件致病菌，生存在水中，随食物进入肠道，鲤鱼的免疫力下降或肠道受创伤后易发病。多发生在水温18℃以上时。

（3）临床症状　病鱼食欲降低，行动缓慢，常离群独游，体发黑或体色减退，腹部膨大，肛门外突红肿。剖检可见肠壁局部充血发炎，肠内无食物，黏液较多。发病后期，全肠呈红色，肠壁弹性差，充满黄红色黏液。

（4）治疗方法　内服与外消相结合。内服可用硫酸新霉素粉和氟苯尼考粉联合拌饵投喂，硫酸新霉素粉以新霉素计，一次量，每千克鱼体重用量10毫克；氟苯尼考粉以氟苯尼考计，一次量，每千克鱼体重用量15毫克，每日1次，连用3～5天。外消可用氯制剂等，氯制剂以有效氯计，使水体中有效氯浓度达到0.2～0.3克/米^3，拌饵投喂前和结束后各消毒1次。

3. 细菌性烂鳃病

（1）病原体　黏液球菌。

（2）传染途径　体表尤其鳃组织受伤后，鲤鱼因免疫力下降而感染。水体泥沙含量高、气泡病、寄生虫寄生等均可成为诱因。多发生在水温20℃以上时。

（3）临床症状　病鲤鳃丝溃烂，并附有较多的白色黏液，严重时鳃盖骨的皮肤充血，鳃丝上皮被腐蚀烂掉（彩图 42），软骨外露，呼吸困难。

（4）治疗方法　同肠炎病。

4. 赤皮病

（1）病原体　假单胞菌。

（2）传染途径　体表受伤及免疫力下降易感染。捕捞、转运、受伤、寄生虫寄生等均可成为诱因。一年四季均可发生。

（3）临床症状　病鲤皮肤局部或大部发炎充血，背鳍、尾鳍等鳍条基部充血，鳞片脱落，特别是鱼体两侧和腹部较为明显，鳍的末端腐烂，有的出现蛀鳍，体表病灶常继发感染水霉。

（4）治疗方法　同肠炎病。

5. 水霉病

（1）病原体　水霉。

（2）传染途径　水霉可在渔具及水体有机物中滋生，并释放大量游动孢子，游动孢子可从体表伤口钻入鱼体，或经污染的食物进入消化道、钻入肠壁，经血液流入内脏器官，再繁殖扩散到全身。

（3）临床症状　病鲤体表出现灰白色棉絮状真菌（彩图 43）。

（4）治疗方法　无。避免体表受伤、放养时用高锰酸钾或重金属盐消毒收敛伤口是可行的预防措施。

6. 纤毛虫病

（1）病原体　车轮虫、斜管虫、小瓜虫等。

（2）传染途径　车轮虫、斜管虫以细胞分裂方式在鱼体表进行无性生殖，离开鱼体后能在水中生存数小时，寻找新的寄主。小瓜虫能产生数千个幼虫，幼虫在水中能存活 5 天以上，寻找到新的寄主后，钻入皮下寄生。该病主要发生在幼鱼阶段。

（3）临床症状　车轮虫、斜管虫寄生后，鱼鳃或体表黏液分泌亢进。小瓜虫寄生后，鱼体表、鳃、鳍局部或全部有白点（图 3-28）。病鲤均表现不安，食欲下降。感染小瓜虫的鲤鱼还会摩擦池壁，以致鳞片脱落、肌肉发炎及继发性溃烂。鳃黏液分泌亢进或组织被严重破坏，导致病鲤窒息死亡。

（4）治疗方法　车轮虫病、斜管虫病治疗用硫酸铜和硫酸亚铁粉合剂（5∶2）全池泼洒，浓度为0.7克/米^3。小瓜虫病治疗用硫酸铜和硫酸亚铁粉合剂（5∶2）全池泼洒，浓度为0.7克/米^3，隔日1次，连用2次。

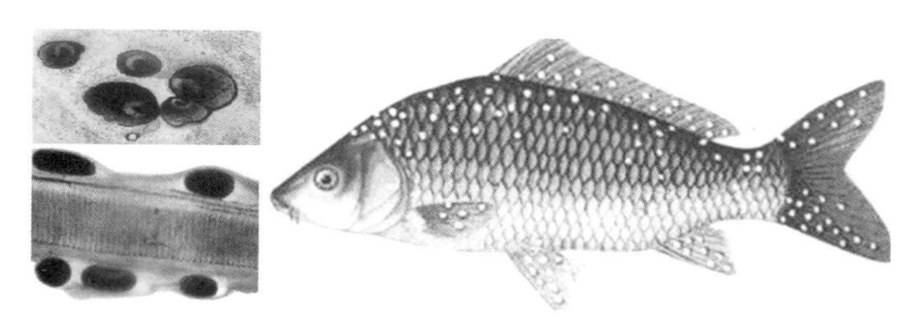

图3-28　小瓜虫寄生

7. 单殖吸虫病

（1）病原体　指环虫、三代虫等。

（2）传染途径　指环虫、三代虫的幼虫即具有寄生能力。直接接触传播。

（3）临床症状　指环虫主要寄生在鱼的鳃上，三代虫寄生于鱼的鳃和皮肤上（彩图44）。少量寄生时，鱼无明显症状及病理变化，大量寄生时，鳃上黏液分泌亢进，鳃丝肿胀、粘连，严重时发生变性或坏死。病鲤食欲减退，游动缓慢，呼吸困难而死。

（4）治疗方法　可使用精制敌百虫粉（90%），使水体中敌百虫浓度达到0.3～0.5克/米^3，隔日1次，连用2次。

8. 甲壳动物病

（1）病原体　中华鳋、锚头鳋等。

（2）传染途径　中华鳋、锚头鳋在第5桡足幼体时期进行交配，雌性成虫营永久性寄生生活，幼虫及雄性成虫均营自由生活。接触感染。

（3）临床症状　中华鳋寄生在鱼鳃上（彩图45），轻度感染时一般无明显症状，严重感染时，病鲤鳃上黏液增多，鳃丝末端膨大成棒槌状，苍白而无血色，膨大处有出血点，病鲤呼吸困难，焦躁不安，在水表层打转或狂游，尾鳍上叶常露出水面（群众称之为“翘尾巴病”），最后消瘦、窒息而死。锚头鳋寄生在鱼体表、鳃、鳍和口腔（彩图46），把头部钻入鱼体内吸取营养，鱼体被锚头鳋钻入的部位鳞片破裂，皮肤肌肉组织发炎红肿，组织坏死，水霉侵入丛生。锚头鳋露在鱼体表外面的部分外观好像一团团灰色棉絮，故称“蓑衣病”。病鱼通常呈烦躁不安、食欲减退、行动迟缓、身体瘦弱等常规病态。

（4）治疗方法　可使用精制敌百虫粉（90%），使水体中敌百虫浓度达到0.3～0.5克/米^3，隔周用药1次，连用3次。

第四章 鲤鱼绿色高效养殖案例

随着现代社会的快速发展，人们的消费水平日渐提升，对生活品质的追求也在不断提高，绿色食品备受关注。绿色高效养殖技术使水产动物生长于良好的生态环境中，并突破传统养殖技术的局限性，成为新时代的养殖发展模式，对养殖业的可持续发展与进步有极大的推动作用。

第一节 全国不同地区鲤鱼池塘生态高效养殖案例

一、高寒地区鲤鱼池塘生态高效养殖案例

（一）吉林松原福瑞鲤池塘生态高效养殖案例

1. 池塘条件

池塘面积 8 亩，长宽比约 2.5∶1，池底平坦，淤泥厚 30 厘米左右，水源以水库水为主，注排水方便，池深 2.5 米，加水深2～2.2 米。放鱼前 1 周，池塘用 150 千克/亩生石灰消毒。每口池塘配备 1 台自动投饵机，安装 2 台 3 千瓦叶轮式增氧机。

2. 鱼种放养

放养鲤鱼品种为福瑞鲤，平均规格 67.8 克/尾，每亩放 600 尾，共放 4 800 尾。鳙鱼每亩 100 尾，平均规格 98.7 克/尾，鲢鱼每亩 200 尾，平均规格 85.6 克/尾。

3. 饲养管理

养殖过程中，每天投喂3～4次。5月水温上升缓慢，池水不宜过深，0.8～1米即可，有利于池塘水温上升。随着水温的升高和鱼体的生长，每隔10～15天加注新水1次，6月至7月上旬可达最高水位，养殖过程中始终保持水质清新、溶解氧充足。

4. 产量及效益

养殖周期5个月，9月末干池后，商品鱼全部销售。成本构成包括苗种费、饲料费、水电费、池塘租金、肥料费用等，亩成本8 940.5元。价格依据当地市场行情，鲤鱼售价10.6元/千克，鳙鱼售价8.4元/千克，鲢鱼售价6.4元/千克，福瑞鲤出池规格1 429.1克/尾，亩产值8 634.8元，鲢、鳙鱼亩产值2 859.3元，亩产值共计11 494.1元，亩利润2 553.6元（吴秀霞等，2016）（表4-1、表4-2）。

表4-1 吉林松原鲤池塘生态高效养殖产量

养殖品种	放养规格（克/尾）	密度（尾/亩）	收获规格（克/尾）	产量（千克）	亩产（千克）	出塘价格（元/千克）	亩产值（元）
福瑞鲤	67.8	600	1 429.1	6 516.7	814.6	10.6	8 634.8
鳙鱼	98.7	100		1 356	169.5	8.4	1 423.8
鲢鱼	85.6	200		1 794.4	224.3	6.4	1 435.5
合计							11 494.1

表4-2 吉林松原鲤池塘生态高效养殖效益

亩产值（元）	成本（元）					亩成本（元）	亩利润（元）
	苗种费（元）	饲料费（元）	水电费（元）	渔药费（元）	塘租费（元）		
11 494.1	5 382	56 110	5 803	2 629	1 600	8 940.5	2 553.6

5. 经验和心得

（1）放养密度要适当，鱼产量的设计不能超过池塘最大鱼载量的80％。

（2）混养品种搭配要合理，合理放养是对养殖环境的一种优化，能促进生态平衡、促进养殖水体中正常菌群的生长、预防传染性流行病暴发。

（3）水质调控。合理加注新水，注、排水方便的池塘可定期换注新水，这是改善池塘水质最直接、最有效的方法。适时开启增氧机，防止浮头。

（二）黑龙江绥化松浦镜鲤池塘生态养殖案例

1. 池塘条件

池塘面积15亩，长方形，东西朝向，池深2米。水源为地下水，进排水方便。配备了2台3千瓦的叶轮式增氧机和1台自动投饵机。

2. 鱼种放养

5月15日，放养松浦镜鲤鱼种12 000尾，平均规格200克/尾；放养鳙鱼种500尾，平均规格750克/尾；放养鲢鱼种500尾，平均规格500克/尾。

3. 饲养管理

（1）饵料投喂　采用“四定”投饵法。即每日4次投饵，分别是7:30、10:30、13:30、16:30各1次，每次投饵40分钟。投喂量以80%鱼吃饱游走为适当投饵量，并据此调节投饵机投饵量。松浦镜鲤吃食不是十分活跃，抢食能力不及黄河鲤和建鲤，且抢食时间短，因此用机械投喂时一定要投饵量小、时间长，且有专门人员看管，以免浪费饵料。4—5月水温较低，应减少投饵量，6—8月是鲤鱼摄食旺盛期，其生长速度快，可增加投饵量。

（2）水质管理　养鱼就是养水，水质好坏直接关系到养鱼成败。因此，要改善池塘水质条件，使水质始终保持肥、活、嫩、爽，创造一个有利于鱼类生长的环境。在7—9月，保持池水深1.5米以上，每周加水20～30厘米，每月换水1次，换去原池水的一半。在7—9月，晴天时13:00左右开增氧机1小时左右，起到增氧、搅水、曝气的功能，达到消除有害气体、打破水温跃层、增加底层溶解氧的效果。

（3）日常管理　指定专人负责日常管理。坚持早、中、晚巡塘制度，密切观察鱼的吃食、活动和水环境变化等状况，发现问题及时处理。做好日常记录，包括水温、气温、天气和饵料投喂等情况。经常适量加注新水调节水质，还要定期检查鱼体生长情况，判断饲养效果，调节投饵量。如发现鱼病，应及时采取防治措施。

4. 产量及效益

当年9月15日成鱼出池，松浦镜鲤平均收获规格1 250克/尾，总产量达15 000千克；鳙鱼平均收获规格2 250克/尾，产量1 181千克；鲢鱼平均收获规格2 100克/尾，产量1 050千克（表4-3）。

依据当地市场价格，松浦镜鲤成鱼11元/千克，产值165 000元，鳙鱼11元/千克，产值12 991元，鲢鱼4元/千克，产值4 200元。总产值182 191元。

支出成本：苗种费9 600元，饲料费83 350元，水电费6 000元，渔药费3 000元，人工费9 000元；总成本110 950元。总利润71 241元，亩利润4 749元（表4-4）。

表4-3 黑龙江绥化鲤池塘生态养殖产量

养殖品种	放养规格（克/尾）	放养数量（尾）	收获规格（克/尾）	产量（千克）	出塘价格（元/千克）	亩产值（元）
松浦镜鲤	200	12 000	1 250	15 000	11	11 000
鳙鱼	750	500	2 250	1 181	11	866
鲢鱼	500	500	2 100	1 050	4	280
合计						12 146

表4-4 黑龙江绥化鲤池塘生态养殖效益

亩产值（元）	成本（元）						亩成本（元）	亩利润（元）
	苗种费（元）	饲料费（元）	水电费（元）	渔药费（元）	塘租费（元）	人工费（元）		
12 146	9 600	83 350	6 000	3 000	—	9 000	7 397	4 749

5. 经验和心得

（1）该地区鲤鱼的养殖生长期在5—9月，松浦镜鲤的生长速度比普通鲤鱼快，但它的摄食季节性很强，冬季基本处于半休眠停食状态，体内脂肪可在一个冬季消耗殆尽，春季则急于摄食，多以

投喂高蛋白质饲料为主。

（2）为缩短养殖周期和降低成本，提高效益，建议春季放养200克以上的大规格松浦镜鲤鱼种。

（三）新疆昌吉鲤鱼池塘生态养殖案例

1. 池塘条件

池塘面积12亩，长方形，东西走向，池深2.5米，池底平坦，底泥厚约15厘米，水源为地下井水，进排水方便，配备3千瓦增氧机和投饵机各1台。

2. 鱼苗放养

放养鲤鱼品种为福瑞鲤，5月10日放养2～3厘米的福瑞鲤夏花12 600尾（亩放养1 050尾）；6月2日放养规格3厘米的鲢夏花10 500尾（亩放养875尾），鳙夏花4 500尾（亩放养375尾）。

3. 饲养管理

（1）驯化　福瑞鲤夏花下塘后1周内，每隔3天施发酵好的粪肥10千克，5月15日开始将粉末料沿食台两侧堆放，并不断缩小投饵点至设定的饵料台，开始人工驯化。驯化时，一把饲料分4次撒下，以每次间隔3秒为宜，投饲的速度要慢，饲料落水的面积要小，每天3次，每次保证0.5小时左右，到5月底鱼苗规格已达到5厘米以上，改为投饵机投喂驯化，5天鱼苗即形成抢食习性。

（2）投饵　养殖过程中全部采用全价配合颗粒饲料进行投喂。开始驯化用粒径1.5毫米、蛋白质含量38%的1号颗粒饲料，鱼苗生长到300克/尾时，改换蛋白质含量34%的2号配合饲料。投饵坚持“四定”原则，投饵量根据天气、水温、鱼的摄食状况确定，并根据苗种生长规格，选择投喂适口粒径的颗粒饲料。5月，日投饵量为鱼体重的3%～5%，每日投喂3次；6—8月，日投饵量为鱼体重的5%～7%，每日投喂4次；9—10月，投饵量逐渐减少，日投喂3次，每次投饵时间均以大部分鱼吃饱游走为度。

（3）日常管理　鱼苗下塘后每4～5天加注新水1次，每次加注10～20厘米。每天坚持早晚巡塘、检查鱼的吃食活动情况。在饲养过程中，不断调节水位、水质，前期为便于驯化及保持较高的水温，水位一直控制在1米左右；池塘的水位随水温的升高和鱼体的增长不断加深，7月水位达到1.5米左右，并根据情况适时注水、换水，适时开启增氧机，使池塘水质肥、活、清新。整个饲养过程仅出现2次轻微浮头现象，未出现死鱼。

4. 产量及效益

经过177天的饲养，到11月3日清塘出鱼，12亩池塘共出鱼12 520千克，平均亩产量为1 043千克。其中平均规格为960克/尾的福瑞鲤10 260千克，成活率为84.8%，亩产855千克，占总产量的82%；平均规格为180克/尾的鲢鱼1 540千克；平均规格为200克/尾的鳙鱼720千克（表4-5）。

全期共用饲料14.37吨，饵料系数为1.4，按实际销售价格，鲤鱼9元/千克，鲢、鳙鱼种5.8元/千克，实现总产值105 448元；该塘总支出为84 403元，其中苗种费700元、饲料费73 143元、水电费2 600元、塘租费960元、人工工资6 000元、渔药费1 000元；总利润21 045元，亩利润1 753元。投入与产出比为1∶1.25（表4-6）（巩伦江等，2017）。

表4-5 新疆昌吉鲤鱼池塘生态养殖产量

养殖品种	收获规格（克/尾）	产量（千克）	亩产（千克）	产值（元）
福瑞鲤	960	10 260	855	92 340
鳙鱼	200	720	60	13 108
鲢鱼	180	1 540	128	
合计		12 520	1 043	105 448

表4-6 新疆昌吉鲤池塘生态养殖效益

亩产值（元）	成本（元）						亩成本（元）	亩利润（元）
	苗种费（元）	饲料费（元）	水电费（元）	渔药费（元）	塘租费（元）	人工费（元）		
8 787	700	73 143	2 600	1 000	960	6 000	7 034	1 753

5. 经验和心得

（1）针对新疆冬季冰封期长、养殖周期短的难题，在鲤鱼苗下塘培肥水质的同时就进行前期驯化，5 月 25 日鲤鱼苗规格达到 5 厘米以上，并形成抢食习性，较常规养殖延长有效生长期 12 天以上。

（2）采取科学的饲养方法，福瑞鲤鱼苗当年养成 960 克/尾的适销商品鱼规格，增长速度较普通鲤鱼提高 20%以上、饵料系数降低 0.2 左右，充分说明福瑞鲤生长性状良好，具有生长速度快、产量高、饵料系数低的优势。

（3）本案例养殖年份 2015 年是自 2010 年以来水产养殖成本最高、常规水产品价格最低的年份，其中鲤鱼价格较历年同期低 1.5 元/千克左右，全价商品饲料价格较往年高 0.5 元/千克以上。在这种情况下，依靠品种优势、采取科学有效的管理措施，仍然取得了较好的经济效益。

二、黄淮流域鲤鱼池塘生态高效养殖案例

（一）河南郑州黄河鲤节能节水增效健康养殖案例

1. 池塘条件

池塘 5 个，每个面积均为 10 亩，共 50 亩，池塘均为东西向长、南北向宽。池塘深 2 米，水深可达 1.8 米，池底平坦，淤泥厚约 15 厘米，底质为壤土，保水性较好。池塘设有专门的进水渠和排水渠，进水口有过滤网，排水口有防逃网，进排水方便。每个池塘配备 3 千瓦增氧机、3 英寸*潜水泵和投饵机各 1 台。

（1）水源　在离整个渔场大约 300 米的北部地势较高处有一蓄水池，面积约 100 亩，深度 2.5 米，用来储存作为渔场水源的黄河水。黄河水进入鱼池前，先在蓄水池里进行沉淀、除杂、消毒，然后通过有过滤装置的阀门自然流入引水渠，由引水渠流入进水渠，

---

* 英寸为非法定计量单位，1 英寸≈2.54 厘米。——编者注

再由进水渠通过进水口过滤网流入鱼池。进入鱼池的水水质清新、无污染，pH 7.5～8.0，溶解氧 5.0～6.3 毫克/升，完全符合渔业养殖用水标准。

（2）净水池　在渔场南部较低处有一个面积约 20 亩、深度约 3 米的废水收集池，池里引栽芦苇等水草，该池主要用于收集鱼池排出的全部废水，废水经过净化后用于农业灌溉，以减少水资源浪费。

2. 鱼种放养

放养鲤鱼品种为黄河鲤，每个池塘放养 18 000 尾，平均规格 65 克/尾。每个池塘放养鲢、鳙鱼种 4 000 尾（比例约 4∶1），平均规格 45 克/尾。放养鱼种过程中做到动作轻、速度快，避免鱼体受伤。鱼种放养前 7 天，按常规用生石灰对池塘进行清塘消毒，并将水位加到 1 米深。

3. 饲养管理

（1）饲料投喂　饲料分为鲤鱼前期料、鲤鱼中期料和鲤鱼后期料，蛋白质含量分别为 38%、36%和 32%。规格在 150 克/尾以下时选用前期料，规格在 150～600 克/尾时选用中期料，规格大于 600 克/尾时选用后期料。前期料粒径 1.5～2.5 毫米，中期料粒径 2.8～3.5 毫米，后期料粒径 4.0 毫米。鱼种全部放齐后的第 3 天开始驯化，每次驯化前先在投料台上敲击饲料桶，给鱼同一种声音的刺激，边敲击饲料桶边小把撒料，以便让它们产生条件反射，每天上午和下午各驯化 1 次，时间分别是 9:30、14:30，每次驯化 30 分钟，大约驯化 1 周时间，黄河鲤便开始集群上浮抢食，正常上浮抢食后转为利用投饵机进行投喂。根据鱼体规格大小、池塘水温高低、水质好坏、鱼体健康状况以及天气情况灵活掌握投喂量，坚持“四定”“四看”原则投喂。

（2）水质调控　3—4 月水温较低，池水控制在 1.0 米深；5—6 月水温稍高，水位加到 1.4～1.5 米；6 月之后一直到出池前，水位一直保持在 1.8 米深。高温季节（6—9 月）每月换 1 次水，每次换水 0.3 米深，每月全池泼洒 1 次光合细菌或微生态制剂（换水后泼洒或泼洒后过 10 天再换水，避免把有益菌换走），每隔 20 天全池泼洒 1 次底质改良剂，并在晴天 11:30—13:30 开动增氧机 2 小时，使池塘水质一直保持活、嫩、爽。

4. 产量及效益

从当年 3 月 5 日放苗到 11 月 8 日越冬，黄河鲤摄食时间共 248 天，第二年 1 月 10 日开始出池至 20 日出完，共出池黄河鲤 99 992 千克，平均规格 1 112 克/尾，最大个体 1 520 克，规格比较整齐，成活率 99.98%。共出池鲢、鳙鱼 15 180 千克，平均规格 820 克/尾，成活率 92.56%。

（1）产出　依据市场价格，黄河鲤 11.4 元/千克，鲢、鳙鱼均价 5 元/千克，总收入 1 215 809 元（表 4-7）。

（2）投入　黄河鲤鱼种 5 850 千克，单价 10.0 元/千克，鲢、鳙鱼种 900 千克，单价 5.0 元/千克，鱼种费共计 63 000 元；饲料费（共投喂饲料 123 400 千克，平均单价 4.2 元/千克）518 280 元；水电费 85 000 元；人工费 120 000 元；塘租费30 000元；其他费用 10 000 元。总投入 851 280 元。

（3）利润　净收入 364 529 元，每亩净利润 7 291 元，投入产出比 1∶1.43，见表 4-8（赵德福，2011）。

表 4-7　河南郑州黄河鲤池塘养殖产出

养殖品种	放养规格（克/尾）	密度（尾/亩）	收获规格（克/尾）	产量（千克）	出塘价格（元/千克）	产值（元）
黄河鲤	65	1 800	1 112	99 992	11.4	1 139 909
鳙鱼	45	80	820	15 180	5	75 900
鲢鱼	45	320				
合计						1 215 809

表 4-8　河南郑州黄河鲤池塘养殖效益

总产值（元）	成本（元）						总成本（元）	亩利润（元）
	苗种费（元）	饲料费（元）	水电费（元）	塘租费（元）	人工费（元）	其他费用（元）		
1 215 809	63 000	518 280	85 000	30 000	120 000	35 000	851 280	7 291

5. 经验和心得

（1）放养密度与经济效益并不呈正比例关系。传统放养通常每亩放养黄河鲤都在2 000尾以上，每亩利润基本在4 000元左右，本案例每亩放养黄河鲤1 800尾，而每亩利润却达到7 000元以上，这说明并不是放养密度越高越好。因为放养密度越高，需要喂料越多，耗氧越多，池水恶化越快，更容易引起鱼发病，需要多开增氧机、多换水、多用药，增加用电、用水和治病成本。所以，把握好放养密度对于节能减排、保护资源、增加效益都具有十分重要的意义。

（2）传统养殖黄河鲤习惯用井水，本案例全用净化后的黄河水，与用井水相比，鱼的生长速度、鱼体健康状况、鱼体肌肉风味等都没有明显区别，表明只要把黄河水净化处理好，完全可以用来养鱼，还保护了地下水资源。

（3）进排水全采用自流的方式，能大大节约用电。

（二）山东泰安福瑞鲤池塘生态养殖案例

1. 池塘条件

池塘位于泰安东平县，池塘面积28亩，池塘深2.5～3米，水深2～2.5米，淤泥厚度不超过20厘米，水质符合国家渔业养殖用水标准，注排水方便（彩图47）。养殖池经生石灰清塘，曝晒池底3天后，按300千克/亩的用量施用已完全发酵好的鸡粪，加注新水时进水口用双层60目筛绢过滤，避免野杂鱼进入池内。

2. 鱼种放养

3月10日，放养平均规格100克/尾的鳙鱼1 400尾，放养密度50尾/亩；3月11日，放养平均规格50克/尾的鲢鱼5 600尾，放养密度200尾/亩；3月16日，放养平均规格160克/尾的福瑞鲤56 000尾，放养密度2 000尾/亩。

3. 饲养管理

（1）水质调控　水质清澈、溶解氧充足利于鲤鱼正常生长，能有效降低发病率，提高生长速度。养殖水质要活、肥、爽、嫩，具体要求溶解氧维持在5～8毫克/升，pH为6.5～8.5，池水透明度为25～40厘米。

（2）投饵　放养鱼种2～3天以后就可以进行投饵驯化。在喂食的时候，可以选择“少—多—少”的方法，也就是最开始投喂的时候不能投喂太多，等形成抢食局面以后再加大投喂量，之后抢食鱼会慢慢减少，这时再缩减投喂量，一直到大部分的鱼都退出食场再停止。像这样驯化1周左右，鱼就会产生条件反射，之后再以正常的形式进行投喂，可选择投饵机来取代人工喂食。

（3）日常管理　遵守早上和晚上分别巡塘的规定，仔细观察鱼类的活动情况和水质颜色以及是否发生病害现象，要及时调整水质与喂食量。另外还要定期对其生长情况展开检查，一旦发现问题要立即进行处理。在管理上应创建一个池塘日志，把每天的水温、气温、换水、投饵、施药以及天气情况都详细地记录在该日志中，以便今后总结经验。

4. 产量及效益

9月20日干塘，福瑞鲤产量共71 000千克，收获平均规格1 350克/尾，亩产2 565千克；鳙鱼产量2 800千克，收获平均规格2 100克/尾，亩产100千克，鲢鱼产量5 600千克，收获平均规格1 100克/尾，亩产200千克。亩产值达28 274元，亩成本24 321元，亩利润3 953元（表4-9、表4-10）。

表4-9　山东泰安福瑞鲤池塘生态养殖产量

养殖品种	放养规格（克/尾）	数量（尾）	收获规格（克/尾）	产量（千克）	亩产（千克）	出塘价格（元/千克）	亩产值（元）
福瑞鲤	160	56 000	1 350	71 000	2 536	10.4	26 374
鳙鱼	100	1 400	2 100	2 800	100	11	1 100
鲢鱼	50	5 600	1 100	5 600	200	4	800
合计				79 400	2 865		28 274

表 4-10　山东泰安福瑞鲤池塘生态养殖效益

亩产值（元）	成本（元）						亩成本（元）	亩利润（元）
	苗种费（元）	饲料费（元）	水电费（元）	渔药费（元）	塘租费（元）	人工费（元）		
28 274	93 380	498 000	28 000	11 200	16 800	33 600	24 321	3 953

5. 经验和心得

（1）放养模式　本案例养殖模式中，吃食性鱼类和滤食性鱼类放养比例为 8∶1，既进化了水质，又降低了饵料系数。

（2）水质调节　水质恶化是诱发鱼病和影响鱼类生长的重要因素之一，生产中定期加注新水，排出部分老水，合理使用增氧机，鱼类在生长过程中不浮头、不缺氧，增加了鱼类的生长时间。

（3）养殖品种　福瑞鲤生长速度快、体形好、抗病力强、适应性强，可缩短养殖周期、降低成本、提高产量和效益。

（三）安徽宿州黄河鲤池塘生态健康养殖案例

1. 池塘条件

池塘位于宿州萧县新庄镇黄河故道上游，面积 10 亩，底质为半沙半淤土质，保水性能好；水源为地表水，水质清新、无污染，符合国家渔业水质标准。池塘为东西走向，深度为 3 米，保水深度为 2 米左右。池塘供水系统相对完好，供电线路安装到达塘口，配有自动投饵机和增氧机各 2 台。排干池水，采用生石灰干法清塘，生石灰用量为 150 千克/亩，7 天后向池塘注水 80 厘米。

2. 鱼种放养

当年 3 月 1 日投放黄河鲤鱼种，平均规格 150 克/尾，放养 10 000尾，1 000 尾/亩；3 月 15 日，投放鲢、鳙鱼，鲢鱼放养密度 100 尾/亩，共 1 000 尾，平均规格 160 克/尾，鳙鱼放养密度 30 尾/亩，共 300 尾，平均规格 250 克/尾。鱼种在下塘前用 5%食盐水浸洗消毒 10～15 分钟。

3. 饲养管理

（1）饲料投喂　饲料以全价膨化颗粒饲料为主，蛋白质含量为

28%～30%。3月下旬开始少量投饲，对鱼进行驯食，投饵机投料频率要低，投料量要少；驯食成功后，转为正常投喂，水温逐渐上升后，坚持"定时、定量、定位、定质、定人"投饲原则，日投饲3次（9:00、13:00、16:00）。5月前投饵率为1.5%～2.0%，6月投饵率为3%，7—8月投饵率为3%～4%，9月投饵率为3%，10月投饵率为1.5%。每7～10天调整1次投饵率，根据天气、水温、水质、鱼摄食情况及时调整投饲次数和投饲量，以达到精准投喂，避免多余饲料污染养殖水体。

（2）水质调控 5月前水温较低，水位控制在1米左右，使鱼能更好地集中摄食；6月池塘水位保持在1.3米；7—8月保持水位在1.8～2.0米。6月初开始注换水，每7天换水20厘米；7—8月，气温、水温上升，每5天换水15厘米，阴雨天气要适时向塘内注水，使养殖水体透明度保持在35厘米，保持水体肥、活、嫩、爽。同时，开启增氧机，保证水体溶解氧丰富；秋季遇雷雨天气及时开机增氧，防止水体缺氧导致塘鱼死亡。养殖期间，水质调节以微生物制剂调节为主，从鱼种投放后开始，每7天泼洒1次益生菌，随时测量水体pH及氨氮、亚硝酸盐含量。

（3）日常管理 安排专人负责，每天早晚巡塘，检查池塘是否有漏水现象，经常捞取塘中污物，保持水体清洁；注意观察水体、水色变化及鱼摄食情况；坚持"以防为主，防治结合""规范用药，不超量用药，不滥用药物，对症下药"的原则进行病害综合防治；记录好池塘日志，遇到暴雨天气及时检查池塘水位，水位高时及时排水，以免发生决埂现象。

4. 产量及效益

11月30日，经拉网干塘计数，共收获各类商品鱼11 055千克，产量为1 105.5千克/亩（表4-11）。其中，黄河鲤9 495千克，平均产量949.5千克/亩，捕获黄河鲤9 512尾，成活率达95.12%；鲢鱼1 040千克，鳙鱼520千克。总投入共77 110元，包括苗种费12 510元、饲料费56 100元、水电费2 160元、渔药费860元、塘租费3 980元、其他费用1 500元；总产值108 730元，总利润 31 620 元，亩利润达3 162元（表 4-12），投入产出比 1∶1.41（陈荣坤等，2019）。

表 4-11 安徽宿州黄河鲤池塘生态养殖产量

养殖品种	放养规格（克/尾）	放养密度（尾/亩）	产量（千克）	亩产（千克）
黄河鲤	150	1 000	9 495	949.5
鳙鱼	250	30	520	52
鲢鱼	160	100	1 040	104
合计			11 055	1 105.5

表 4-12 安徽宿州黄河鲤池塘生态养殖效益

总产值（元）	成本（元）						总利润（元）	亩利润（元）
	苗种费（元）	饲料费（元）	水电费（元）	渔药费（元）	塘租费（元）	其他费用（元）		
108 730	12 510	56 100	2 160	860	3 980	1 500	31 620	3 162

5. 经验和心得

（1）案例中黄河鲤商品鱼平均产量 949.5 千克/亩，平均规格 1 千克/尾，此种规格在养殖地较受欢迎。案例中养殖的黄河鲤鱼种体形、色泽等体态特征优良，加之黄河鲤市场行情较好，产生了较好的经济效益，投入产出比为 1∶1.41。

（2）本案例利用鱼类生物学特性，通过采取套养一定量不同食性的鱼类达到调节和控制池塘水质、改善水体生态环境的目的，既为黄河鲤提供了良好的生长环境，整个养殖期黄河鲤成活率达 95.12%；又增加了鲢、鳙鱼养殖收入，获得了较高的经济效益。另外，从滤食性鲢、鳙鱼收获规格及养殖期水体浮游生物量分析，鳙鱼放养规格可提高到 500 克/尾，以提升鳙鱼摄食浮游生物的效果。

（3）黄河鲤是黄河故道中原有的鱼类之一，是该地区主要养殖品种和人们喜食的鱼类，销售市场好，在该地区推广养殖黄河鲤具有重要意义，发展前景广阔。

（四）陕西榆林超级鲤池塘生态养殖案例

1. 池塘条件

面积 5 亩，池深 2.5 米，呈长方形，底质平坦，池底淤泥厚 15 厘米，池周用混凝土护坡，池内架设一套池底微孔增氧设备，配备水泵和自动投饵机。冬季将池水抽干，经阳光曝晒后，于 4 月初清整池塘内的杂物，并用 70 千克/亩的生石灰干法清塘。4 月中旬加水至 60 厘米，随后每亩施发酵的有机肥 200 千克，以培肥水质。

2. 鱼种放养

4 月 28 日将鱼种投放入池内，平均亩放超级鲤 1 500 尾，平均尾重 205 克。29 日投放鲢、鳙鱼种，亩放鲢 200 尾，平均尾重 148 克；亩放鳙 35 尾，平均尾重 165 克。鱼种投放前均用 5%食盐水浸泡 10～15 分钟消毒处理。

3. 饲养管理

（1）投饲管理　投喂遵循“四定”的原则。用投饵机投喂全价配合饲料，每天投喂 2 次，即每天 9:00—10:00、15:30—16:30 各投一次。根据鱼体的大小适时调整投饵机出料孔的大小，使鱼每次吃到八成饱，每次投喂时间控制在 1～1.5 小时。投喂量一般为上午 40%、下午 60%或上午 45%、下午 55%。

（2）水质管理　商品鱼养殖做到肥水下塘，前期主要促进鲢、鳙鱼的生长，中后期随着投饵量的增加，鱼类排泄的粪便会使水质保持一定的肥度。为促使池鱼提早开食，调控池水水温，前期池塘水位控制在 1 米以下，待水温升至 22℃以上后，再逐渐加高水位。到盛夏季节，池水温度达 25℃以上时，要将养殖池水位逐渐加注至 2.3 米左右。平时定期使用水质快速测试仪对池塘的水质进行检测，检测主要指标是溶解氧、pH、非离子氨、亚硝酸盐、硫化氢等，发现水质问题及时处理，确保水质良好。

4. 产量及效益

9 月底干塘，鱼全部销售，共产商品鱼 8 114.5 千克，其中超级鲤 6 922.5 千克、鲢鱼 976 千克、鳙鱼 216 千克（表 4-13），平均亩产 1 622.9 千克。根据当地行情，鲤鱼售价 17 元/千克、鲢鱼 7 元/千克、鳙鱼 8 元/千克，总产值 126 242.5 元。养殖成本：苗种费25 780元、饲料费 59 236 元、水电费 1 200 元、渔药费 600 元、人工费8 000元、其他费用 2 100 元，合计总成本 96 916 元。纯收入 29 326元，亩均纯收入 5 865.2 元（表 4-14）（李赟等，2012）。

表 4-13 陕西榆林超级鲤池塘生态养殖产量

养殖品种	放养规格（克/尾）	放养密度（尾/亩）	产量（千克）	亩产（千克）	出塘价格（元/千克）	亩产值（元）
超级鲤	205	1 500	6 922.5	1 384.5	17	23 536.5
鳙鱼	165	35	216	43.2	8	345.6
鲢鱼	148	200	976	195.2	7	1 366.4
合计				1 622.9		25 248.5

表 4-14 陕西榆林超级鲤池塘生态养殖效益

亩产值（元）	成本（元）						总成本（元）	亩利润（元）
	苗种费（元）	饲料费（元）	水电费（元）	渔药费（元）	人工费（元）	其他费用（元）		
25 248.5	25 780	59 236	1 200	600	8 000	2 100	96 916	5 865.3

5. 经验和心得

（1）池塘水位　饲养超级鲤期间的池塘水位应该以“两头低、盛夏高”为宜，在春季，水温较低，为提高养殖池水温，水位应适当放低，不宜超过 1.2 米；在夏季，水温高至 25℃以上时，将水位加注到 2.3 米；到了秋季，气温逐渐下降，为使池水温度降速缓慢，适当降低水位至 1.5 米，直到越冬前再将水位加注到最高点，这样更利于池塘内的鱼类安全越冬。

（2）营养指标　超级鲤对食物中所需的营养物质要求不高，从夏花饲养至秋片（鱼种）阶段，饲料中的粗蛋白质含量为 42%～34%；从秋片（鱼种）饲养至商品鱼阶段，饲料中的蛋白质含量为

34%～32%。但饲料必须营养全、物料配比科学，其中动物性粗蛋白质含量要占饲料中粗蛋白质总量的1/3以上。

（3）投饵量　超级鲤的新陈代谢旺盛，生长速度快，日食量偏大。在饲养池水质良好的状态下，日食量受水温和水体中溶解氧的影响。从鱼种饲养至商品鱼阶段的日投饵量为池鱼总重的3%～3.6%。

三、西南地区鲤鱼池塘生态高效养殖案例

（一）广西桂林俄罗斯鲤池塘生态养殖案例

1. 池塘条件

池塘位于桂林灵川县青狮潭鱼种场养殖基地，有6个成鱼养殖塘，面积为5.6～8.1亩，总面积40.2亩，水深1.6～2.0米，池底平坦、淤泥少。池水透明度30～40厘米，水源来自青狮潭水库东干渠，水质清爽，四周无污染，可人为控制排灌水。每个养殖塘分别配有1台3千瓦的叶轮式增氧机。

池塘每亩用250千克生石灰兑水10～20厘米全池遍洒、消毒，在鱼苗种下池前10天进行。待其药效消失后，每亩施放300～500千克腐熟粪肥培育水质，促使浮游生物繁育，培育好适量的浮游植物和浮游动物，以提高池塘基础产量和自身净化能力。鱼种下塘前3～4天，把池塘水位加到0.5～0.7米，注入池塘的水要经60目筛绢严格过滤。

2. 鱼苗种放养

6月17日，将8万尾全长约3厘米的俄罗斯鲤鱼苗放入10.9亩鱼苗塘驯化培育，鱼苗密度7 339尾/亩。9月15日，鱼苗长到全长20～24厘米，筛选出规格均匀、体表光滑、体壮活泼的大规格俄罗斯鲤鱼种48 240尾，放入40.2亩的鱼塘（6个）饲养。俄罗斯鲤鱼种规格157.4克/尾，亩放养1 200尾、188.9千克；亩套养鲢、鳙鱼400尾，40.8千克。

3. 饲养管理

（1）饲料投喂　饲料采用人工配合颗粒饲料，鱼种饲料粗蛋白

质含量要求达到35%～40%，饲料原料粉碎细度应在40目以上。坚持“四定”原则。夏花刚入池，可先不急于驯化，先停食1天再驯化。投喂时边敲出声响，边向池中撒饵，每天保持1小时的驯化时间，直到俄罗斯鲤养成集群上浮抢食的习惯，通常驯化5～7天便可进行正常投喂。日投喂次数一般为6月2次，时间在8:00、17:00；7—11月3次，分别在8:00、14:00和18:00；12月后每天投喂1次，选在9:00。俄罗斯鲤主要特点是抢食能力弱，在投喂饲料时可适当延长投喂时间，放慢投料速度，等大部分鱼吃饱游走为止，但以每次投喂不超过2小时为宜。

（2）日常管理　俄罗斯鲤放养时，水位为0.6米左右，以后逐渐注水，每次注水不超过15厘米，高温季节水位保持在1.8米以上。通过定期注水、排水、换水来进行水质调节。同时，每15～20天将生石灰兑水全塘泼洒，用量为20～25千克/亩，既能提高池水pH，有利于鱼类生长及饵料生物的繁殖，又能防治鱼病。水体透明度保持在30～40厘米，溶解氧在5毫克/升以上，保持水质活、爽。夏季坚持每天开增氧机，通过增氧机使池水上下层水体溶解氧趋于平衡，及时改善底层的低溶解氧状态，促进鱼类生长发育。为了避免水质过肥，在水体中培育少量的水生植物，以净化水质，有利于鱼体生长。

4. 产量及效益

经过2个多月的苗种培育，于9月15日开始对鱼种起捕，共捕获平均全长为20～24厘米的俄罗斯鲤鱼种58 080尾，总产9 141.8千克，平均体重157.4克/尾，成活率72.6%。

成鱼出池第二年8月中旬开始对俄罗斯鲤捕大留小、逐步起捕上市，9月21日，通过现场测产，共生产商品俄罗斯鲤53 542.4千克，平均单产1 331.9千克/亩，平均体重1 213克/尾，同时收获鲢、鳙鱼18 147.8千克。

共投入苗种费、饲料费等38.25万元。培育的鱼种除自养外，剩下的近万尾鱼种售出收入计0.4万元；销售商品俄罗斯鲤和鲢、鳙鱼分别收入48.19万元、6.35万元，共计54.94万元。获纯利

16.69 万元，亩利润 4 152 元，利润率达 43.6%（表 4-15）（滕谦等，2018）。

表 4-15 广西桂林俄罗斯鲤池塘生态养殖效益

产值			成本（万元）	利润（万元）	亩利润（元）
鲤商品鱼（万元）	鲢、鳙鱼（万元）	鲤鱼种（万元）			
48.19	6.35	0.4	38.25	16.69	4 152

5. 经验和心得

（1）俄罗斯鲤苗种培育关键在于饵料的供应补充，鱼苗下塘能吃到细小的浮游动植物很重要，因此采用传统的肥水下池法，同时注意浮游生物密度及大小，适时调节水质。鱼苗达 4 厘米后，用全价颗粒饲料驯食。这样有效提高了俄罗斯鲤的成活率，保证培育出的鱼种规格相对整齐，达到了健康养殖的目的。

（2）主养俄罗斯鲤时少量搭配鲢、鳙鱼，搭养鱼与主养鱼之间既不会争食，又能起到调节水质的作用，但鲢、鳙鱼不宜过多。由于俄罗斯鲤抢食能力弱，在投喂饲料时要适当延长投喂时间，放慢投料速度，待大部分鱼吃饱游走为止。考虑到俄罗斯鲤生长差异以及广西的消费习惯，采取捕大留小、适时上市，收到了较好效益。

（二）贵州遵义福瑞鲤池塘生态养殖案例

1. 池塘条件

池塘位于遵义绥阳县，池塘面积 1.5 亩，池塘深 2 米，水深 1.2～1.4 米，采用当地的地下水（属于乌江支流芙蓉江水系，水源充足）。池塘进排水分开，排灌方便，池塘配投饵机 1 台、叶轮式增氧机 1 台。放苗前对鱼塘进行冬季晒塘和改造，清除池底过多淤泥，用生石灰加水化浆后全池均匀泼洒，以杀灭池中细菌及有害寄生虫，用量为 2 500 千克/公顷。鱼种下塘时保持水位在 0.8 米，以后逐渐加水，直至水位在 1.2～1.4 米。

2. 鱼种放养

放养鲤鱼品种为福瑞鲤。6 月 15 日将福瑞鲤鱼种放入池塘，鱼种平均规格约 7 克/尾，共放养 3 000 尾，6 月 20 日再将套养的鲢、鳙鱼种放入池塘，放养规格约 25 克/尾，共放养 300 尾，其中鲢鱼 200 尾、鳙鱼 100 尾。

3. 饲养管理

（1）投饲　坚持“四定”投喂原则，根据季节、天气、水质和鱼的摄食强度进行调整，日投饲量一般为鱼体重的 3%～6%。每天投喂 3～6 次，6—8 月以日投喂 4 次为主，8 月以后日投喂 3 次为主，每次投喂七八成饱。

（2）水质调节　保持水质清新，池水透明度为 25～45 厘米，pH 7.0～8.5，溶解氧保持 4 毫克/升以上。定期加注新水，每半个月换水 15%～20%，每半个月左右泼洒 20 千克/亩的生石灰进行水质调节及鱼病预防。高温季节泼洒 EM 菌以净化水质和改良底质。

（3）日常管理　坚持早、中、晚巡塘，观察水色及鱼类摄食情况，在高温季节适时开启增氧机，以防缺氧泛塘。及时调节水质，定期消毒。

4. 产量和效益

10 月 25 日，在养殖 132 天后进行干塘称重，收获福瑞鲤 2 825 尾，共 788 千克，平均规格 278.9 克/尾，日增重 2.06 克，成活率 94.2%。收获鲢、鳙鱼 80 千克，平均规格 312.5 克/尾。支出成本共计 7 370 元，总产值 11 512 元，总利润 4 142 元，亩利润达到 2 761 元（表 4-16）（李建光等，2012）。

表 4-16　贵州遵义福瑞鲤池塘生态养殖效益

总产值（元）	成本（元）						总成本（元）	亩利润（元）
	苗种费（元）	饲料费（元）	水电费（元）	人工费（元）	塘租费（元）	其他费用（元）		
11 512	700	4 770	300	500	800	300	7 370	2 761

5. 经验和心得

（1）水质调控是福瑞鲤生产中的重要环节，要及时加注新水，使水中溶解氧充足，使优质藻类生物保持旺盛，同时不定期施用微生物制剂，结合施用杀菌消毒药物，既达到预防鱼病的目的，又起到调节水质的作用。

（2）做好鱼病防控工作，从前期清塘消毒、鱼种消毒，到水体消毒、食台消毒、投放药饵，整个生产过程都层层把关，严格布控，做到防重于治，才能保证成活率的提高和养殖产量的增加。

（3）福瑞鲤池塘养殖的投入产出比为 1∶1.56，饲料系数为 1.36，效益显著。

四、西北地区鲤鱼池塘生态高效养殖案例

（一）宁夏银川福瑞鲤池塘生态高效养殖案例

1. 池塘条件

池塘位于银川贺兰县，池塘面积 12 亩（彩图 48），苗种下池前先用生石灰消毒，池塘水深 1.8～2.5 米，配备水车式增氧机 1 台、叶轮式增氧机 4 台、微孔增氧设备 1 台，功率为 3 千瓦。

2. 鱼种放养

3 月 20 日放养福瑞鲤鱼种 24 217 尾，平均尾重 229 克；套养异育银鲫“中科 3 号”鱼种 9 672 尾，平均尾重 50 克。

3. 饲养管理

鱼种下塘后坚持每天巡塘，观察池塘水质变化情况，适时使用杀虫消毒剂、水质调节剂等，并根据天气变化和池塘情况合理使用增氧机，每天定点定时投喂颗粒饲料 2～4 次，饲料粗蛋白质含量 28%～33%。养殖过程中使水体保持一定肥度，每隔 20 天调换新水 1 次，并定期进行鱼病检测。

4. 产量及效益

8 月 26 日，福瑞鲤出塘平均规格 1.1 千克/尾，总产 23 975 千

克，亩产 1 997.9 千克，成活率 90%；异育银鲫“中科 3 号”出塘平均规格 275 克/尾，总产 2 504 千克，亩产 208.7 千克，成活率 94%（表 4-17）。亩产值 25 755.5 元，亩成本 20 728 元，亩利润 5 027.5元，投入产出比 1∶1.24（马秀玲，2017）。

表 4-17 宁夏银川福瑞鲤池塘生态养殖产量

养殖品种	放养规格（克/尾）	放养数量（尾）	收获规格（克/尾）	产量（千克）	亩产（千克）
福瑞鲤	229	24 217	1 100	23 975	1 997.9
异育银鲫“中科 3 号”	50	9 672	275	2 504	208.7
合计				26 479	2 206.6

5. 经验和心得

（1）对池塘进行彻底清淤改造，在池塘周围建设独立、完善的进排水系统，科学合理配置安装变压器，确保用电安全及渔业生产顺利进行。

（2）示范安装应用水质在线监测系统、太阳能底质改良机、涌浪式增氧机、微孔增氧设备及手机智能遥控投饵机等设备，有效改善了池塘水质，减少了病害的发生，降低了饵料系数，节约了人力、物力和用电等成本，养殖产量和养殖效益显著提升。

（3）自苗种放养后，每 15 天对养殖品种进行 1 次检测打样，测体长、称体重，认真对比分析并做好相关数据的记录。每 7 天进行 1 次水质检测，重点监测水体透明度、水温、pH、溶解氧、氨氮、亚硝酸盐等水质指标，发现问题及时采取有效的措施，确保养殖生产顺利进行。

（二）甘肃临夏鲤鱼池塘生态养殖案例

1. 池塘条件

池塘位于临夏永靖县，池塘面积 4 亩，水深 1.3～1.5 米，池底平坦，底泥厚 15 厘米，进排水方便，配备 3 千瓦增氧机 1 台、自动投饵机 1 台。4 月 25 日进行干法清塘消毒，亩用漂白粉 70 千克化浆后全池泼洒并干法曝晒3～4天，以杀灭池塘中野杂鱼虾、敌害生物及病原菌等。向池塘内加水至0.5～0.7米，进水口用网布过滤进水，防止野杂鱼及敌害生物进入池塘。投苗前5天，亩施经发酵的鸡粪150～180千克培育浮游生物。

2. 鱼苗放养

福瑞鲤夏花放养时间为5月7日，此时水温19℃。放苗时先进行“试水”，调节鱼苗袋内水温与池塘水温基本一致，再打开塑料袋将鱼苗放入池塘。放养福瑞鲤夏花6 000尾，5月12日投放鲢、鳙鱼夏花各500尾。

3. 饲养管理

（1）驯化　在培肥水质的前提下，先用豆粕、麸皮、玉米面组成的三合液浆沿池塘四周泼洒，然后逐步缩小到有食台的一边，并用破碎料在食台上进行吊袋诱食；当鱼体长到5厘米以上时，以鲤鱼苗开口料和前期料进行驯化喂养，使鱼类形成定点集中抢食的条件反射，然后用投饵机投喂鲤鱼全价配合饲料。

（2）饲料投喂　饵料选择全价配合饲料，不同生长阶段采用不同的粒径和蛋白质含量。投喂应当少量多次，正常情况下实行日投饵3次，投喂时间控制在每次30分钟以内。饲料投喂时坚持“四定”“四看”原则。根据情况调整投饵量，按鱼体重的2%～5%进行投喂。

（3）水质调节　下塘初期水深保持在70厘米左右，随后定期调节水质。5—6月每15天注水1次，每次加注10～20厘米，并保持1.3米左右的水深。温度较高的7—8月，每7～10天换水1次，每次换水15～25厘米，换水时先排掉老水，再加注新水，水深保持在1.3米以上。9月每周换水1次，每次换20～30厘米。根据具体水质情况进行调节，水体透明度始终保持在30～50厘米，在保持养殖池水体的溶解氧充足（3毫克/升以上）的前提下，做到嫩、活、肥、爽的良好态势，池水保持油绿色或淡绿色。

4. 产量及效益

5月7日放养至10月21日清塘，共养殖167天。共收获福瑞鲤1 662千克，平均体重293克/尾，日均增重1.71克，亩产福瑞鲤 415.5 千克，亩利润 3 495.25 元，投入产出比 1∶2.1（魁海刚等，2013）。

5. 经验和心得

（1）从夏花到清塘的养殖过程中成活率达到 94.5%，福瑞鲤最大个体体重达 600 克，可作为商品鱼上市销售，能切实提高养殖户经济收入，经济效益明显。

（2）福瑞鲤生长速度快，当年平均体重达 293 克，除大规格鱼做商品鱼销售外，其他鱼可以为来年提供大规格鱼种，养殖至第二年 5—7 月可提前上市，从而避免当地商品鱼年底集中销售带来的销售难的问题。

（三）甘肃酒泉盐碱池塘福瑞鲤生态养殖案例

1. 池塘条件

池塘位于甘肃酒泉肃州区，养殖池塘所在地海拔 1 350 米，土质为沙土，盐碱化为中等程度，水源为祁连山雪水融化后的临水河水。池塘面积 6 亩，东西走向，平均水深 1.6 米，池底平坦，底质为沙粒，水源充足、无污染，注排水独立。池塘配备 1.5 千瓦增氧机、全自动增氧控制器及自动投饵机各 1 台。养殖水经检测：pH 7.5，无色无臭，总大肠菌群 6 个/升、砷 0.000 6 毫克/升、总汞 0.000 05 毫克/升、铬 0.005 毫克/升、镉 0.004 毫克/升、铅 0.04 毫克/升、石油类 0.03 毫克/升、挥发性酚 0.003 毫克/升、锌 0.072 毫克/升、铜 0.002 4 毫克/升，甲基对硫磷、马拉硫磷、六六六、滴滴涕等未检出。水质符合《无公害食品　淡水养殖用水水质》（NY 5051—2001）的要求。

2. 鱼种放养

放养前 1 周，用生石灰 70 千克/亩清塘消毒。选择体质健壮、规格整齐的鱼种搭配混养。福瑞鲤鱼种规格 200 克/尾，每亩放养 1 050 尾，搭配鲢、鳙鱼 15%（规格 400 克/尾），鲳鱼 5%（规格 100 克/尾）。根据酒泉的气温、水温条件，鱼种于 4 月 17 日前全部投放完毕，放养时用 5%的食盐水浸泡消毒。

3. 饲养管理

（1）饵料投喂　养殖期间采用“定点、定时、定质、定量”的投饵方法，在自动投饵机上设置投喂时间，驯化喂养。养殖前期投喂量为池塘载鱼（福瑞鲤）量的1.5%左右，中后期投喂量为池塘载鱼量的3%左右。

（2）水质调节　池塘水位4—5月控制在1.2米以内，6—8月控制在1.6米左右，视池塘水质变化情况，每15～20天注换水1次，换水量控制在1/5左右，养殖期间始终保持水质清新。

（3）增氧措施　在增氧机上安装溶解氧测控仪，实时监测水体溶解氧状况，设置为溶解氧低于3毫克/升时自动开启增氧机、达到8毫克/升时自动关闭增氧机。合理利用增氧机增氧。

4. 产量及效益

9月10日出池上市销售，鱼种成活率达到98%，成品率达到100%。亩产福瑞鲤950千克，鲢、鳙鱼245千克，鲳鱼17.3千克（表4-18），亩总产达到1 212.3千克。总成本65 990元，其中苗种费21 560元、饲料费35 490元、人工费2 400元、水电费900元、塘租费1 800元、其他费用3 840元；总产值87 607元，其中福瑞鲤13元/千克，鲢、鳙鱼8元/千克，鲳鱼21元/千克；总利润为21 617元，亩均纯利润为3 603元（表4-19）（武海鸿等，2014）。

表4-18　甘肃酒泉盐碱池塘福瑞鲤生态养殖产量

养殖品种	放养规格（克/尾）	密度（尾/亩）	亩产（千克）	价格（元/千克）
福瑞鲤	200	1 050	950	13
鲢、鳙鱼	400	195	245	8
鲳鱼	100	65	17.3	21

表4-19　甘肃酒泉盐碱池塘福瑞鲤生态养殖效益

总产值（元）	成本（元）						总成本（元）	亩利润（元）
	苗种费（元）	饲料费（元）	水电费（元）	人工费（元）	塘租费（元）	其他费用（元）		
87 607	21 560	35 490	900	2 400	1 800	3 840	65 990	3 603

5. 经验和心得

（1）放养密度适宜　案例中福瑞理鱼亩放养密度为 1 050 尾（200 克/尾），不超过 1 100 尾的鱼放养密度适合盐碱池塘和鱼类生长期较短的地区。

（2）利用增氧机改善底层溶解氧　在高温季节中午开启增氧机曝气 2 小时，以改善上下层溶解氧，补充池塘底层溶氧。

（3）及时清除池塘过多底泥　在春季对淤泥超过 20 厘米的池塘及时进行清淤改造，清除底泥中的病菌、氨氮、硫化氢等，为鱼类生长创造良好的生态环境。

（4）及时调节好池塘水质　一是每月抽取池塘老水 30 厘米，补充新水 40 厘米；6—8 月每半月抽取池塘老水 20 厘米，补充新水 30 厘米。二是全池泼洒糖蜜，吸附、降解水中氨氮。一般每月 1 次，每亩泼洒 10 千克；6—7 月每月 2 次，每亩泼洒 8 千克。三是全池泼洒生石灰（化浆）杀菌消毒，调节水体 pH，一般每 20 天每亩泼洒 20 千克。

第二节　鲤鱼稻田绿色高效养殖案例

一、福瑞鲤稻田绿色高效养殖案例

1. 稻田选择

稻田位于福建南平枫溪乡，高海拔山区传统稻田养鱼区，核心示范区 50 亩，单块面积 1 亩以上，光照条件好，土质保水保肥，水源取用方便、排灌自如，交通便利，能相对连片 50 亩以上（彩图 49）。

（1）鱼溜　在稻田进水口方向（可常年微流水养殖）挖一坑塘，面积占大田面积 5%左右，深度 0.8 米以上。

（2）鱼沟　沿坑塘连接处向大田开挖一条宽 50～60 厘米、深

30厘米左右的“十”字形大鱼沟，每隔20米开挖多条小鱼沟，宽40厘米、深20～30厘米，呈“井”“田”字等形状，与坑塘或大鱼沟相通，对鱼沟定期清淤，保持通畅。

（3）田埂　田埂四周加高至0.6～0.7米，埂面宽40厘米以上。

（4）进排水系统　进、排水口设置间距0.2～0.3厘米的拱形拦鱼栅，防止逃鱼。

2. 水稻种植

选种单季稻品种“天优华占”，栽培密度株距20厘米、行距25厘米，插秧时间为6月5日。

3. 放养前准备

鱼种放养前10～12天，坑塘保持20厘米水位，用生石灰100克/米^{2}或漂白粉10克/米^{2}均匀泼洒消毒。坑塘消毒后3～5天放水，7天后放鱼。

4. 鱼种放养

5月25日投放福瑞鲤苗种，每亩投放规格35～40尾/千克的冬片鱼种200尾和3～4厘米夏花500尾，放养密度700尾/亩。下塘时用3%食盐水浸泡消毒，避免苗种因受伤而发生病害，同时注意水温差不得超过5℃，防止环境不适造成死亡。

5. 日常管理

（1）鱼种饲养　鱼种下塘至入大田前，囤养在坑塘中。此间，先投喂10天细糠（1千克/天，逐步增加至2千克/天），然后再投喂70天左右的菜籽饼（2～3天的投喂量是2.75千克）。稻禾返青后将连接处的大鱼沟开通，大田水位加高至20厘米，让鱼在大田与坑塘中间自由地摄食与生活。此间，至水稻抽穗扬花期，在坑塘中继续投喂菜籽饼。

（2）投喂技术　投喂细糠采用人工手撒法；菜籽饼则采用挂桩法（在坑塘中立木桩并设横钉，菜籽饼用绳穿孔挂于其上），供鱼慢慢摄食。坚持“四定”原则，挂一块菜籽饼（2.75千克/块），前期3天一换，后期2天一换，未食完的菜籽饼投入塘中用作肥料。

（3）水质管理　鱼种在坑塘中强化培育期间，在大田内施足有机肥（250～300 千克/亩），采用重施基肥、少施追肥的方法，将全年总施肥量 80%用于基肥；追肥用复合肥（每次 10～15 千克/亩），如若施碳酸氢铵，采取“先施一边、隔天施另一边”的办法施肥 2～3 次。并注意适时加注新水，坑塘保持微流水状态。

6. 产量及效益

（1）福瑞鲤　9 月 17 日进行现场测产，亩产 43.96 千克，亩平均产成鱼 190 尾（183 克/尾）、冬片鱼种 305 尾（30 克/尾），成活率 70.7%。亩产值（水产品）：43.96 千克×46 元/千克＝2 022.16元（表 4-20）。

（2）水稻　9 月 30 日进行现场测产，平均亩产 467 千克。水稻亩产值：467 千克×3 元/千克＝1 401 元（表 4-21）。

（3）亩生产成本　劳工费 240 元、稻种费 120 元、化肥费 184 元、有机肥费 90 元、水产苗种费 200 元、水产饲料费 220 元、机耕等其他费用 100 元，总计 1 154 元。亩利润为 2 269.16 元（表 4-22）（饶晓军，2016）。

表 4-20　福瑞鲤稻田养殖水产品产量

养殖品种	亩产（千克）	出塘价格（元/千克）	亩产值（元）
成鱼	34.77	46	2 022.16
冬片鱼种	9.19		

表 4-21　福瑞鲤稻田养殖水稻产量

水稻品种	水稻株距（厘米）	水稻行距（厘米）	亩产（千克）	水稻价格（元/千克）	亩产值（元）
天优华占	20	25	467	3	1 401

表 4-22　福瑞鲤稻田养殖效益

亩产值（元）	成本（元）						亩成本（元）	亩利润（元）
	苗种费（元）	稻种费（元）	肥料费（元）	饲料费（元）	劳工费（元）	其他费用（元）		
3 423.16	200	120	274	220	240	100	1 154	2 269.16

7. 经验和心得

（1）水产品品质　本案例的稻田为高海拔山区山垄田，其底质为沙石土，土质渗透能力好，水质自我调节能力强，无企业和生活污染。高海拔山区水温低、养殖周期长、密度低，养殖的鱼类品质好、无泥腥味，符合无公害、绿色水产品要求。采用头年放养夏花鱼苗养成冬片鱼种，第二年冬片鱼种到成鱼的养殖模式，较长的生长期形成其优良的品质，该地区的生态鱼基本单价都维持在50元/千克以上。

（2）养殖模式　本案例主养福瑞鲤，福瑞鲤较鲫鱼生长速度快，利于水稻除虫防病，可以减少水稻用药。合理施肥，既有利于水稻群体生长发育，确保水稻高产优质，又利于养殖种类有良好的栖息环境，实现种养结合、相互促进、互利共生。如果扩大项目规模和养殖效益，可发展稻蟹、稻鳅生态综合种养模式，进一步调整种养品种结构，实现更好的社会效益、经济效益和生态效益。

（3）水产品产量　平均亩产43.96千克，成活率为70.7%；亩放养的冬片鱼种成活率达95%，夏花仅为61%（用于第二年养殖）。平时未发现死鱼；为防止鸟类和鼠、蛇等生物侵害，应加强管理防范。养殖周期不到4个月，若适当增加饲料投喂和延长养殖周期，亩产量可达50千克以上。

（4）防洪问题　利用山垄田建立的稻田养鱼系统，由于地势高差较大，低处稻田易受水浸漫，受暴雨影响，土埂容易坍塌，应注意加强防洪措施。本案例的坑塘护坡若采用水泥固化，可提高水深、增加养殖空间，且防洪、防生物侵犯能力强。

二、瓯江彩鲤稻田绿色高效养殖案例

1. 稻田条件

稻田位于成都崇州市隆兴镇黎坝村，稻田水源充足、排灌方便、保水性好，面积为4.8亩，按照稻田养殖工程建设要求开挖鱼沟、鱼溜和鱼凼，沿稻田田埂内侧四周开挖“口”或“田”字形鱼沟，沟宽 1.5～2.0 米，沟深 0.6～1.5 米。紧挨田埂 0.3 米区域深度为 0.3 米，作为土埂护坡区；另外 1.2～1.7 米宽区域深度为 1.0～1.5 米，作为养殖区，鱼沟截面为梯形，上宽下窄，边坡适度并夯实，在稻田的四个拐角处开挖一个或多个长 4～6 米、宽3～5 米、深 1.5～2.0 米的鱼凼，改造面积不超过稻田面积的 10%。将开挖鱼沟、鱼凼等的泥土覆盖在原田埂上并捶打结实，加宽、加高田埂，在注排水口安装防逃栏栅。

2. 水稻种植

水稻品种选择“F 优 498”，5 月 3 日插秧。稻田采用“宽窄行、边行密植”的水稻栽培技术，株行距 15 厘米×20 厘米，每亩栽插 1.2 万～1.4 万窝，确保有 15 万株以上有效穗。

3. 鱼种放养

5 月 15 日投放瓯江彩鲤鱼种，挑选体形、体色、体态正常，游动活泼，体质健壮的鱼种进行放养，瓯江彩鲤鱼种放养规格 5.7 克/尾，共放 500 尾；草鱼鱼种放养规格 252 克/尾，共放 30 尾；鳙鱼放养规格 260 克/尾，共放 20 尾。鱼种放养前用 3%～5%食盐水浸洗 5 分钟。

4. 日常管理

稻田生产管理按照当地水稻栽培和稻田养鱼要求进行，注意防逃防盗。稻田施肥遵循以基肥为主、追肥为辅，以有机肥为主、化肥为辅的原则，稻田基肥施用生物复混肥料，施用量为 50 千克/亩。根据水稻生长需要兼顾田鱼需要适时灌水与晒田，调整水位。同时注意保持水质良好，每 15 天换 1 次新水，每次换水 1/3，高温季节每 5～7 天换水 1 次；透明度保持在 30～40 厘米，水色豆绿色或黄褐色。鱼种放养后 20 天内根据水体浮游生物量不投饲或少量投饲，中后期以鱼重量的 1%～2%投饲，后期鱼体生长速度较快，日投饲量控制在鱼体重的 2%～5%，投饲以投喂商品饲料为主，具体根据田鱼吃食情况和气候而定，每天投喂 2 次，投饵时间为 8:00—9:00 和 16:00—18:00。到收获季节，逐块收割稻田，放水捕鱼，测定稻谷、鱼产量。

5. 产量和效益

（1）稻田鱼产值　9月29日，瓯江彩鲤起捕平均规格351.6克/尾，平均亩产167.01千克，成活率95%。瓯江彩鲤亩产值4 342.26元，草鱼亩产值424.08元，鳙鱼亩产值272.98元（表4-23）。

（2）水稻产值　有效穗16.05万株/亩，平均着粒数为175粒，平均实粒数为140粒，每千粒重24.98克，平均亩产561.30千克，出米率为64.6%，大米售价7.2元/千克，亩均产值达2 610.72元（表4-24）。

（3）亩利润　支出成本包括田租、田块改造、秧苗、鱼苗、肥料、饲料等，合计4 040元/亩，水稻和鱼亩产值7 650.04元，亩纯利润3 610.04元（魏文燕等，2016）。

表4-23　瓯江彩鲤稻田养殖水产品产量

养殖品种	放养规格（克/尾）	密度（尾/亩）	收获规格（克/尾）	亩产（千克）	亩产值（元）
瓯江彩鲤	5.7	500	351.6	167.01	4 342.26
草鱼	252	30			424.08
鳙鱼	260	20			272.98

表4-24　瓯江彩鲤稻田养殖水稻产量

水稻品种	水稻株距（厘米）	水稻行距（厘米）	亩产（千克）	出米率（%）	水稻价格（元/千克）	亩产值（元）
F优498	15	20	561.30	64.6	7.2	2 610.72

6. 经验和心得

（1）标准化稻田综合种养改造工程所开挖的鱼沟、鱼溜和鱼凼总面积占稻田面积的8%～10%，每亩稻田插秧面积减少约70米^2。与未改造稻田相比，栽种同一水稻品种，尽管插秧面积减少了，但水稻产量基本实现平产或略微降低，亩产量最多减少了15.19千克，说明稻田养瓯江彩鲤中采用的“宽窄行、边行密植”技术部分弥补了插秧面积减少对水稻亩产量的影响；同时，鱼类的除草、除虫、搅泥等作用加之鱼粪便的加入，增加了稻田中的有机质和土壤养分，有利于水稻的生长，提高了水稻的平均实粒数和千粒重，从而提高了水稻的产量和质量。

（2）传统的稻田养殖多采用平板式，这种模式亩均产仅 10～20 千克，产值不超过 300 元。标准化稻田改造把现代先进工程技术与传统养殖技术相结合，有效解决了稻鱼共生中水稻、田鱼对水需求不同的矛盾。稻田综合种养中，田鱼的活动与不间断游动能促进水稻生长，提高稻田养鱼的鱼产量，大幅度提高稻田单位产值与利润。

（3）瓯江彩鲤因体色红艳、品质好、存活率高深得民众喜爱，还可作为一种新的垂钓品种在交通较便利的地区进行推广，开展一、三产业互动，通过休闲渔业进一步提高其附加值。

三、禾花鲤稻田绿色高效养殖案例

1. 稻田条件

稻田位于湖南株洲，稻田水质清洁、水源充足、排灌方便、保水保肥性能好、不受旱涝影响。开挖鱼沟、鱼凼。水稻生长期必须干湿兼顾，稻田浅灌和晒田，为解决稻鱼用水矛盾，必须在插秧前开挖鱼沟、鱼凼，增加稻田容水量，以利于鱼类生长及水稻施肥、洒药。鱼沟深为 50 厘米左右、宽为 40～50 厘米，鱼沟要与鱼凼相连，根据稻田形状和大小，确定开挖鱼沟的条数和排列形式，一般可呈“十”“井”“田”字形，开挖鱼沟时，应依水流或东西向开挖鱼沟，并在稻田周边挖防洪沟，每条沟要挖直，以利排洪，有利稻田通风透光，增加稻谷产量。鱼凼可开挖在田角或田中央，深度为 1～1.5 米，面积占稻田面积的 5%～8%为宜，形状可为长方形、正方形或圆形。沟坑所占面积不超过田块总面积的 10%。结合开挖鱼沟、鱼凼，将田埂加高至 50～70 厘米，加宽至 40～50 厘米，并捶打结实，确保不会发生渗漏或塌陷。进、出水口设置拦鱼设施。养鱼稻田进、出水口应开设在稻田对角，与鱼沟、鱼凼互通，并设置拦鱼栅（用竹篾或尼龙网等制作）。

2. 鱼种放养

一般在栽秧后 7～15 天，秧苗返青后开始投放鱼种，规格20～40 克/尾，亩放养 250 尾。鱼种放养前要对鱼溜、鱼沟进行整理，并对鱼溜采用生石灰、漂白粉或其他药物进行消毒。鱼溜消毒后灌水并每亩田施放粪肥 60 千克左右，使田水爽而肥，呈黄绿色或黄褐色；使鱼种肥水下田，下田就有适口的饵料。

3. 日常管理

（1）鱼种饲养　按照禾花鲤体重的 3%～5%投喂饲料。闷热天气、下雨天不投喂或少投喂，防止缺氧。

（2）施肥　插秧当天泼洒尿素（化水，下同）5 千克/亩。插秧后 5 天，泼洒尿素 7.5 千克/亩。插秧后 12 天，泼洒尿素 7.5 千克/亩。插秧后 19 天，泼洒复合肥 15 千克/亩，因为长期有水，施肥量少些，防止后期水稻成熟时倒伏。施化肥分两次进行（稻田已放鱼情况下），每次施半块田，两次施肥间隔至少 2 天。以上施肥用量是针对一般情况，土地肥力较高或较低时则根据水稻生长情况做适当调整。

（3）进水管理　从禾苗上面往下看，两行禾苗之间看不到泥时开始晒田，直到地面裂开 2 厘米宽的裂缝再进水。如果是阴雨天气，则在田面挖开水沟，直到踩上去没有看到明显的鞋印再进水。水稻开花时期，浅水浸过田面泥土。其余时间需要保持田面水深 20 厘米以上，保证禾花鲤能自由进出田面吃食害虫和稻花。

4. 产量及效益

亩产稻谷 501 千克，亩产值 1 603 元，亩产禾花鲤 30 千克，产值 2 700 元，合计亩产值 4 303 元，亩成本 772 元，亩利润 3 531 元（王飞等，2018）。

5. 经验和心得

（1）鱼种放养　稻田养鱼饲养周期短，鱼种放养时间越早越有利于鱼的生长。鱼种放养时要特别注意水的温差，运鱼容器中的水温与稻田水温相差不能超过 5℃。忽视水的温差常造成大量鱼种死亡。切忌将鱼种放入混浊或泥浆水中，以免造成鱼种死亡，从而降低成活率。投放苗种应选晴天上午或傍晚进行，回避高温烈日天气。

（2）人工投饵　稻田水浅，天然饵料有限，为提高稻田养鱼的产量，必须补充人工饵料，如菜籽粕、糠麸或配合饲料等。在一些基本不投饵的地方，建议在田角堆沤腐熟的农家肥，有条件的可以用尼龙袋装着堆沤，可以培育大量的浮游生物供鱼类食用。

（3）用水管理　水稻生长的分蘖期，为加快水稻生根分蘖，在保证禾花鲤正常生长的前提下，以保持浅水为主，水位保持 3～5 厘米；水稻生长中后期，逐渐加高水位，水位保持在 15 厘米左右，保障水稻、禾花鲤的生长需求。大规模鱼种放养在鱼溜中，水温渐高，要注意加注新水、常换水，并搭建遮阳棚。

（4）日常管理　稻田养鱼的日常管理主要是防漏和防溢逃鱼。早、晚要多巡视，发现问题及时处理。检查拦鱼栅是否安全以及田水深浅、有无大风大雨的天气变化等，注意清除堵塞网栅的杂物，以利于排注水畅通。稻田中田鼠和黄鳝都会在田埂上打洞，造成漏水逃鱼，应仔细检查及时堵塞。做好敌害防治，如鼠、水蛇等。每 10 亩安装一台杀虫灯，诱杀水稻病虫害，为禾花鲤提供优质天然饵料，减少农药使用。

四、鲤鱼梯田绿色高效养殖案例

1. 梯田条件

云南红河哈尼族彝族自治州元阳县沙拉托乡阿嘎村梯田面积 1.1 亩。该梯田海拔高度 900 米，田块平整保水，进出水方便，水源充足无污染。

稻田工程开挖：加高加固田埂，在田的对角处开设进、出水口，并做好拦鱼设施；在田的内侧挖一鱼凼，面积 6 米^2，深 1 米，田中开挖宽 0.8 米、深 0.4 米的两条鱼沟，鱼沟交叉呈“十”字形，并与鱼凼相通，其沟凼面积占田面积的 8%。每亩施足 300 千克发酵农家肥，以培育水中的生物饵料，为鱼种早期摄食提供充足的饵料。

2. 水稻种植

水稻品种为杂交水稻Ⅱ优 501，该品种耐肥抗倒、穗大粒多、米质较好、产量稳定，水稻种植周期约 125 天（4 月 29 日至 9 月 2 日）。

3. 鱼种投放

秧苗返青后，6 月 1 日在梯田中投放规格整齐、体质健壮、无病无伤的福瑞鲤鱼种，按每亩 500 尾投放，平均规格 12.5 克/尾，共放 520 尾。鲤鱼养殖时间约 135 天（6 月 1 日至 10 月 14 日）。

4. 日常管理

以生态养殖方式开展，以施用肥料为主、饲料投喂为辅。饲养初期田中的天然饵料较多，不用投喂饲料或追施肥料，等饵料缺乏时投喂一定的饲料或追施肥料（以培肥水质、培育浮游生物，增加天然饵料）。饲料以玉米面、米糠为主，追肥用沤熟的农家肥。饲料每天投喂 2 次，分别于 9:00—10:00、16:00—17:00 投喂。根据水稻和鱼的需求，解决好稻、鱼因施肥、施农药等的矛盾，适时调整水位。每天早、晚巡田，观察鱼的摄食情况，做好防洪、防旱、防逃、防盗和病害防控等工作，发现问题及时采取相应的措施加以解决。

5. 产量及效益

该梯田共产福瑞鲤 84.4 千克，亩产鱼 76.6 千克，亩产水稻 492 千克，按梯田鱼 30 元/千克、稻谷 5 元/千克计算，亩产值 4 758元（表 4-25、表 4-26），支出鱼种费 124.2 元、饲料费 200 元，亩支出 294.7 元，亩利润 4 463.3 元（李梅等，2016）。

表 4-25 福瑞鲤梯田绿色高效养殖鱼产量

养殖品种	放养规格（克/尾）	密度（尾/亩）	收获规格（克/尾）	亩产（千克）	价格（元/千克）	亩产值（元）
福瑞鲤	12.5	500	181	76.6	30	2 298

表 4-26 福瑞鲤梯田绿色高效养殖水稻产量

水稻品种	亩产（千克）	水稻价格（元/千克）	亩产值（元）
杂交水稻Ⅱ优 501	492	5	2 460

6. 经验和心得

（1）梯田选择　选择面积0.5亩以上、水源充足、排灌方便、保水保肥性能好、不受旱涝影响的田块。集中连片10亩以上的方便管理和节约成本投入。

（2）开挖鱼沟　在栽插水稻时依据养殖田的形状挖成“田”“十”“卄”或“井”等字形沟，沟宽60～80厘米、深50～60厘米，在离田埂1.5米处开挖；比较狭长的梯田可只在内埂处挖一条沟。沟、溜（凼）面积占梯田面积的6%～10%。

（3）不同海拔区域的栽种时间不同　海拔1 200米以下区域一般4月上旬栽种，海拔1 200米以上区域4月下旬栽种；根据不同田块肥力水平、不同品种生育特性、秧苗品质、秧龄和目标产量，合理确定基本苗。秧龄控制在40～45天，叶龄5.5叶，单行条栽，行株距为26厘米×15厘米，亩栽1.7万窝。

（4）捕鱼　稻谷收割时或收割后就可以放水捕鱼。捕鱼前疏通鱼沟、鱼溜，缓慢放水，使鱼集中在鱼沟、鱼溜内，在出水口设置网具，将鱼顺沟赶至出水口一端，让鱼落网以将其捕起。达到上市规格的鱼上市出售，其他的放回梯田继续饲养或转入其他水体饲养。

第三节　鲤鱼循环水健康养殖案例

一、鲤鱼循环水型健康养殖案例

1. 池塘循环水系统构建

2015年建设完成由5个养殖池塘（40 000米^2）、3 600米^{2}潜流湿地、10 000米^{2}生态塘、3 000米^{2}生态沟渠组成的内陆池塘生态工程化循环水养殖系统，达到“节能、减排、生态、安全、高效”的养殖目的。池塘呈规则排列布局，进排水渠道在池塘两侧，生态塘和潜流湿地位于示范区东北端，生态沟渠与外源沟道通过水闸控制相接，也可以取外源沟道水作为补充水，同时保证外源沟道水源进入生态塘前得到处理。

2. 池塘条件

在核心区选择面积12亩的循环水池塘和面积14亩的普通池塘。鱼种放养前对池塘进行干塘消毒，消毒药物主要为二氧化氯，消毒方式为全池泼洒，然后将池塘曝晒8天，开始放水，池塘深2～2.5米。池底平整，淤泥厚10厘米。循环水池塘水源为循环水和黄河水，普通池塘水源为黄河水。每3～4亩配备1台叶轮式增氧机（3千瓦），配合0.1～0.15千瓦的微孔增氧机。

3. 鱼种放养

4月4日，循环水池塘放养福瑞鲤鱼种2 018尾，平均尾重229克；放养异育银鲫“中科3号”806尾，平均尾重50克；放养鳙鱼62尾，平均尾重475克；放养鲢鱼123尾，平均尾重500克，见表4-27。

4月6日，普通池塘放养福瑞鲤鱼种1 839尾，平均尾重196克；放养异育银鲫“中科3号”807尾，平均尾重80克；放养鳙鱼82尾，平均尾重402克；放养鲢鱼131尾，平均尾重380克，见表4-27。

表4-27 鱼种放养情况

池塘	放养品种	平均尾重（克）	亩放养重量（千克）	亩放养尾数
循环水池塘	福瑞鲤	229	461	2 018
	异育银鲫“中科3号”	50	40.3	806
	鳙鱼	475	29.5	62
	鲢鱼	500	61.5	123
	合计			
普通池塘	福瑞鲤	196	359	1 839
	异育银鲫“中科3号”	80	64.6	807

（续）

池塘	放养品种	平均尾重（克）	亩放养重量（千克）	亩放养尾数
普通池塘	鳙鱼	402	33	82
	鲢鱼	380	49.8	131
	合计			2 859

4. 饲养管理

采用主养福瑞鲤投喂管理。

（1）水质管理　循环水池塘 7—9 月每月换水 1 次，每次换水通过循环水净化后自流进入池塘，其他时间按照养殖需求每半个月左右加黄河水 1 次，每次 10～15 厘米；普通池塘全部用黄河水。

（2）鱼病防治　以防为主，防治结合。着重做好池塘消毒、鱼种消毒、工网具消毒、水体消毒和饵料消毒或清洁卫生等预防工作，发生病害用准用药物对症治疗。

5. 产量及效益

循环水池塘出池福瑞鲤平均规格 1 100 克/尾，总产量 23 975 千克，异育银鲫“中科 3 号”出池平均规格 275 克/尾，总产量 2 504千克；鳙鱼出池平均规格 1 850 克/尾，总产量 1 331 千克；鲢鱼出池平均规格 1 400 克/尾，总产量 1 942 千克。合计产鱼 29 752千克（表 4-28）。

普通池塘出池福瑞鲤平均规格 1 050 克/尾，总产量 24 020 千克，异育银鲫“中科 3 号”出池平均规格 290 克/尾，总产量 3 040 千克；鳙鱼出池平均规格 1 750 克/尾，总产量 1 926 千克；鲢鱼出池平均规格 1 370 克/尾，总产量 2 308 千克。合计产鱼 31 294 千克（表 4-28）。

主养福瑞鲤亩产 1 998 千克，较对照组产量 1 716 千克提高 282 千克，亩产量提高 16.4%。

循环水池塘总销售收入 309 066 元，总支出 242 493 元，总利润 66 573 元，亩利润 5 548 元（表 4-29）；普通池塘总销售收入

321 190 元，总支出 252 194 元，总利润 68 996 元，亩利润 4 928 元（表 4-30）。循环水池塘养殖效益比普通池塘提高 12.6%（王晓奕等，2019）。

表 4-28　商品鱼出塘情况

池塘	放养品种	亩放养数（尾）	出池规格（克/尾）	亩产量（千克）	总产量（千克）	合计（千克）
循环水池塘	福瑞鲤	2 018	1 100	1 997.9	23 975	29 752
	异育银鲫“中科 3 号”	806	275	208.7	2 504	
	鳙鱼	62	1 850	110.9	1 331	
	鲢鱼	123	1 400	161.8	1 942	
普通池塘	福瑞鲤	1 839	1 050	1 715.7	24 020	31 294
	异育银鲫“中科 3 号”	807	290	217.1	3 040	
	鳙鱼	82	1 750	137.6	1 926	
	鲢鱼	131	1 370	164.9	2 308	

表 4-29　循环水池塘养殖效益

销售收入				支出					
项目	产量（千克）	单价（元）	金额（元）	项目		数量（千克）	单价（元）	亩支出（元）	总支出（元）
福瑞鲤	23 975	11	263 725	苗种费	福瑞鲤	5 535	15	6 918.8	83 025
异育银鲫“中科 3 号”	2 504	10	25 040		异育银鲫“中科 3 号”	483	9	362.3	4 347
鳙鱼	1 331	10	13 310		鳙	353	6	176.5	2 118
鲢鱼	1 942	3.6	6 991		鲢	738	3	184.5	2 214
				饲料费		29 500	4.7	11 554.2	138 650
				药、肥				89.1	1 069
				水电费				567.5	6 810
				塘租费				25	300
				管理工资				300	3 600

（续）

销售收入				支出				
项目	产量（千克）	单价（元）	金额（元）	项目	数量（千克）	单价（元）	亩支出（元）	总支出（元）
				设备折旧			30	360
合计	29 752		309 066					242 493
效益分析	亩利润			总利润			投入产出比	
	5 548			66 573			1∶1.3	

表 4-30　普通池塘养殖效益

销售收入				支出					
项目	产量（千克）	单价（元）	金额（元）	项目		数量（千克）	单价（元）	亩支出（元）	总支出（元）
福瑞鲤	24 020	11	264 220	苗种费	福瑞鲤	5 031	15	5 390	75 465
异育银鲫“中科三号”	3 040	10	30 400		异育银鲫“中科三号”	904	7	452	6 328
鳙鱼	1 926	9	17 338		鳙鱼	462	6	198	2 772
鲢鱼	2 308	4	9 232		鲢鱼	697	3	149	2 091
				饲料费		31 000	4.7	10 407	145 700
				药、肥				106	1 484
				水电费				681	9 534
				塘租费				300	4 200
				管理工资				300	4 200
				设备折旧				30	420
合计	31 294		321 190						252 194
效益分析	亩利润			总利润				投入产出比	
	4 928			68 996				1∶1.3	

6. 经验和心得

针对宁夏大宗淡水鱼池塘养殖特点，构建了由生态沟渠、生态塘、潜流湿地和养殖池塘组成的内陆池塘生态工程化循环水养殖系

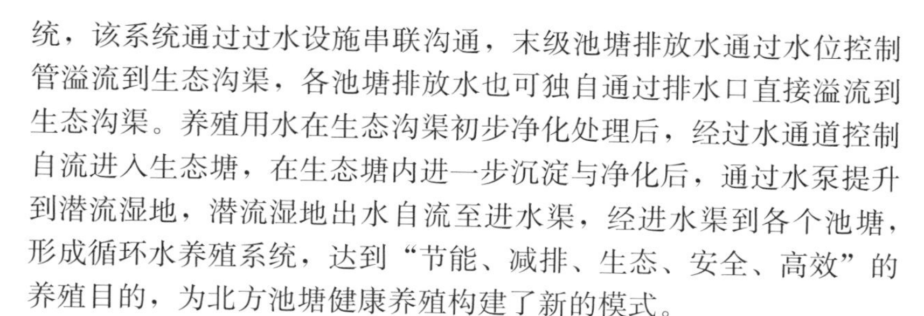

统，该系统通过过水设施串联沟通，末级池塘排放水通过水位控制管溢流到生态沟渠，各池塘排放水也可独自通过排水口直接溢流到生态沟渠。养殖用水在生态沟渠初步净化处理后，经过水通道控制自流进入生态塘，在生态塘内进一步沉淀与净化后，通过水泵提升到潜流湿地，潜流湿地出水自流至进水渠，经进水渠到各个池塘，形成循环水养殖系统，达到“节能、减排、生态、安全、高效”的养殖目的，为北方池塘健康养殖构建了新的模式。

循环水池塘利用生态沟、净化池的水生植物和高位潜流湿地有限地降解水中影响鱼类生长的限制因子（氨氮、亚硝酸氮），使养殖水质的溶解氧提高 1～2 毫克/升。主养福瑞鲤池塘饵料系数降低 0.03，养殖病害防治投入每亩降低 17 元，亩利润增加 620 元。

二、池塘工程化循环水（流水槽）养殖鲤鱼案例

1. 流水槽情况

流水槽为 22 米×5 米×2 米的标准化流水槽，流水槽在放鱼前加满水浸泡 10 天左右，使水槽内壁挂满藻类生物、形成光滑的表面，防止鱼体摩擦池壁受伤而引发水霉、赤皮等病害。放养后 1 周内，只用水槽底部增氧系统增氧，随后逐步开动推水设备，同时在铁质拦鱼栅前 50 厘米处安装棉线拦鱼网，待鱼类适应流水槽环境后再拆除，避免鱼类顶水受伤而引发病害。鱼种放养前拉网 2～3 次，降低应激反应，使其适应高密度的生存条件。春季水温达到 10℃以上时（3 月底）就放鱼进槽，比常规池塘提早 30 天；秋季水温下降到 12℃时（10 月底），流水槽中的鱼类还能够集中上浮吃食，比常规池塘养殖可延长生长期 10 天。因此该模式共可延长生长周期 40 天以上。

2. 鱼种放养

3 个流水槽分别养殖不同品种鲤鱼。黄河鲤放养规格 450 克/尾，放 10 000 尾；福瑞鲤放养规格 100 克/尾，放 21 000 尾；松浦

镜鲤放养规格 125 克/尾，放 15 700 尾。

3. 饲养管理

采用水产养殖超大容量智能投饲系统投喂，其采用低压风送原理，送料速度快、距离远且对饲料破碎率小，可防止养殖鱼类规格大小不一。在流水槽前后端安装水温、溶解氧、pH、氨氮、亚硝酸氮等监测探头，实现自动监测和物联网智能精准管控，并通过对历史数据分析，计算养殖品种环境控制与生长模型，推动养殖决策由经验为主转向数据为主，实现信息化、智能化、精准化管理。

4. 产量及效益

黄河鲤养殖 120 天，产量 17 300 千克，产值 20.76 万元，成本 17.45 万元，利润达 3.31 万元；福瑞鲤养殖 150 天，产量 16 065 千克，产值 18.96 万元，成本 15.71 万元，利润达 3.25 万元；松浦镜鲤养殖 150 天，产量 10 001 千克，产值 13 万元，成本 10.24 万元，利润达 2.76 万元。

按每个流水槽配套 10 亩净化外塘计算，加上外塘滤食性鱼类产值，每亩池塘平均利润达到 4 131 元（白富瑾等，2019）。

5. 经验和心得

（1）优化推水增氧技术　拆除了气提式微孔推水装置，将原来 0.8 米高的挡水墙加高至与养殖池齐平，在 2.0 米处开 25 个直径 10 厘米的进水孔，安装 PVC 管道，前端通至推水池底，由旋涡鼓风机用气体将外塘水通过管道压至流水槽内，使养殖槽与外塘水体上下水平交换流动，循环利用。改造后的推水系统进水孔略高于养殖池水位，鱼类找不到进水源头，且进水端用水泥墙取代了拦鱼栅，光线变暗，鱼类主动游至流水槽尾部光线明亮处嬉戏，不再顶水，死亡率从原来的 10%以上下降至 2%以下。

（2）优化水质净化技术　将池塘工程化循环水养殖与综合种养稻田、人工湿地结合，池塘水体流经稻田、湿地后，水体中的氨氮、亚硝酸盐氮、总磷、总氮等被植物吸收利用，含量明显降低，水再循环进入流水槽，实现养殖水体的异位修复。

（3）优化饲养管理技术　采用水产养殖超大容量智能投饲系统投喂，其采用低压风送原理，送料速度快、距离远且对饲料破碎率小，可防止养殖规格大小不一。

（4）优化粪污处理技术　改进吸污装置，加大吸污泵功率和导污管直径，底部吸污孔也由直径0.4厘米的圆形改为5厘米×0.4厘米的长槽形，从“点”吸污变为“线”吸污，能有效吸出集污区的鱼鳞、鱼骨、枯草等大型杂物，解决了吸污效果不理想、吸污管口堵塞等问题，提升了粪污收集效率。

（5）优化冬季管护技术　有鱼越冬的流水槽初冬时节只开启部分推水设备形成微流水，在12月初水温降至4℃以下前，及时捕捞上市或提起拦鱼栅放入外塘，防止鱼体冻伤造成损失。无鱼越冬的流水槽冬季最好干水，带水越冬的流水槽要将拦鱼栅、增氧盘等提出水体，并定时开动一个旋涡鼓风机进行推水，防止冰面全部封冻使流水槽墙体和设备受损。

第四节 鲤鱼混养、套养经济鱼类绿色高效养殖案例

一、莲田福瑞鲤和异育银鲫“中科3号”混养案例

1. 莲田条件

莲田位于福建南平市顺昌县，莲田面积 80 亩，水源为山溪水，水质良好且水量充足，排灌方便，保水力强。人工开挖“十”字形鱼沟，鱼沟宽 0.8～1.0 米、深 0.4～0.6 米，一般沿莲田进水埂处开挖，另设深 0.8～1.0 米、面积为 2～4 米^2 的集鱼沟。鱼沟一般占莲田面积的 5%～10%，压实沟壁及沟底，并在进、出水口安置好拦鱼设施。利用开挖鱼沟的泥土将田埂加高到 0.6 米左右，埂宽 0.5 米左右，并夯打结实，及时在田间放置捕鼠器具捕鼠，防止鼠在田埂上打洞。

2. 鱼种放养

每亩放养福瑞鲤 50 尾、草鱼 50 尾、鲫鱼 400 尾，共计 500 尾，放养苗种均为体长 3～5 厘米的夏花，苗种经 1.5%食盐水浸浴约 10 分钟后放养。

3. 莲的种植

每亩种植 120～150 株莲，配合鱼沟开挖除草、耙平田面、施足基肥，并进水淹没田面 15～30 厘米。

4. 日常管理

从鱼种放养至收获未投喂任何饲料，鱼类均在莲田中与鱼沟内自行觅食，以莲田的天然饵料为营养来源。

（1）加强巡查 检查田埂情况以及防逃设施，发现问题及时处理；检查莲田中的鱼沟和集鱼沟，及时清理垃圾或淤泥等，保证畅通。

（2）水位的调节 最高水位应保持在 20 厘米，最低水位保持在 10 厘米。注意水温的变化与水位关系，水温超过 35℃时，应及

时加深水位或对莲田进行换水，以降低水温。

（3）正确处理施肥、施药与养鱼的矛盾　莲田需要施肥和施药时，把莲田水位直接降低至2厘米以上，将养殖的鱼集中到集鱼沟中，然后选择晴天进行施肥和施药，保障鱼类不受影响；待3～5天肥效与药性消失后，再加高水位，使养殖鱼类重新进入莲田觅食和活动。

5. 产量及效益

莲子于9月底全部收获结束，共获干莲子6 684千克，平均亩产干莲子83.6千克。

11月11日，随机抽取一个2.3亩的田块，放干田水起捕，收获福瑞鲤11尾（最大体长45.6厘米、体重2.15千克），总重量19.74千克；异育银鲫“中科3号”19尾（最大体长27厘米、体重0.37千克），总重量5.5千克；小规格鱼种（异育银鲫“中科3号”、草鱼、福瑞鲤）157尾，总重量3.35千克；田螺12.5千克。鱼平均亩产量为11千克，田螺亩产量为5.4千克，小规格鱼种亩产量1.5千克。

（1）经济效益　莲子按市场批发价90元/千克计算，亩产值为7 524元；鲤鱼和鲫鱼因未投饵，鱼质量优良，售价较高，田螺市场售价与鱼相似，随机抽取的2.3亩莲田共收获鲤鱼、鲫鱼和田螺37.74千克，均按30元/千克计算，产值为1 132.2元，亩产值492.3元；小规格鱼种按50元/千克计算，产值167.5元，亩产值72.8元，亩水产品合计产值565.1元。亩产值合计约为8 089元。

（2）成本　田租40 000元，人工180 000元；肥料160 000元，夏花2 000元，莲田工程120 000元，其他5 000元，成本合计507 000元，平均成本6 337.5元/亩。

（3）净利润　8 089元/亩－6 337.5元/亩＝1 751.5元/亩（邓志武等，2017）。

6. 经验和心得

莲田养鱼模式能很好地将鱼的养殖与莲的种植相结合，利用好套养的鱼类为莲吃虫除草，而且鱼类的粪便对莲又起着施肥的作用，减少了农药的用量，降低了种植莲的成本，更为重要的是为生态保护起到积极作用。

莲田为鱼类提供丰富而新鲜的饵料，同时莲还具有吸收肥分、净化水质的作用，大大降低了鱼类发病的机会，因此有效提升了鱼和莲子的品质，产品因安全和质优受到市场的欢迎。

二、池塘主养鲤鱼、套养南美白对虾案例

1. 池塘条件

池塘位于内蒙古呼和浩特，池塘 2 个，面积均为 10 亩，进排水系统畅通，水源为地下水，水质符合《渔业水质标准》。养殖池塘在上一年入冬前就抽干水暴冻一个冬季后以备使用，2 个池塘共用微孔增氧机 1 台。

4 月，清除池底和池边杂草，清理淤泥，保持底泥厚度在 10～20 厘米，每亩用 150 千克生石灰干法清塘消毒，经风吹日晒 20 天后再加水。5 月初，按每亩 150 千克的鸡粪量堆放池边进行发酵。首次注水在 0.5 米左右，之后每 3～5 天加水 1 次，每次加 10～15 厘米，最终水位保持在 1.5 米左右。鱼苗下塘前 7～10 天将发酵腐熟的鸡粪堆放水中，并在晴天时每隔 1 天搅粪 1 次，以保证鱼苗及虾苗下塘时浮游动物生物量达到高峰期。

2. 苗种放养

5 月 28 日投放鲤鱼、鲢鱼、鳙鱼夏花，鲤鱼放养密度 5 000 尾/亩，放养 50 000 尾，鲢鱼放养密度 2 000 尾/亩，放养 20 000 尾，鳙鱼放养密度 500 尾/亩，放养 5 000 尾。

6 月，经连续监测水温稳定在 20℃以上，于 6 月 12 日投放虾苗。所放虾苗为淡化好的南美白对虾虾苗，每亩投放规格在 2 厘米左右的虾苗 10 000 尾，一次放足。放苗点在池水较深的上风向，并选择多点投放，避免局部缺氧。放苗时待内外水温一致后，让虾苗慢慢地游入水中。

3. 日常管理

（1）鱼种投喂　鱼种在投喂前要进行驯化，即鱼种投放后在饵料台周围堆放饲料，3天后开始一边慢慢撒料一边敲击物体，进行条件反射训练，1周后鱼即上浮抢食。待鱼种全部上浮抢食后即应遵照“四定”原则进行投喂。前期6—7月中旬每日投喂5次，分别为第1次6:30、第2次10:30、第3次13:30、第4次16:00、第5次19:00；中期7月中旬至8月中旬每日投喂4次，分别为第1次7:00、第2次11:00、第3次14:30、第4次18:00；后期8月中旬至9月中旬每日投喂3次，分别为第1次9:00、第2次13:00、第3次17:00。

（2）施用肥料　虾苗放养后正值轮虫生物量高峰期，所以有很充足的天然饵料，但随着时间的推移，轮虫的高峰期会过去，因此要强化施肥以延长轮虫的高峰期，施肥时遵循少量、勤施的原则，更重要的是还要根据天气情况和水质情况调整，一般水的透明度在30～40厘米时，晴天每隔3天每亩全池施用经发酵腐熟的鸡粪50千克，这样在养殖前期浮游动物的数量就能够满足虾苗摄食的需要。进入养殖中后期，由于投入大量饵料，再加上池塘水温很高，所以池塘水很肥，此时已不能再施有机肥，否则极易导致缺氧浮头。

（3）水质调控　好的池塘水的水色应该是油绿色或者淡茶褐色，这样的水为优质藻相的水，透明度在25～30厘米。养殖前期每3～5天加水1次，直到加至正常水位，然后只进行补水。到养殖中后期因池塘水质过肥，必须换水，每次换水量控制在20%～25%，养殖过程中适时开启增氧机，在晴天中午时开启增氧机1～2小时，雨天除外。

4. 产量及效益

9月初开始用地笼捕捞虾，到9月中旬开始捕鱼。共捕获福瑞鲤秋片12 500千克，平均亩产625千克；鲢、鳙鱼秋片2 100千克，平均亩产105千克；共捕获南美白对虾750千克，平均亩产37.5千克。

当地渔场鲤秋片价格 14 元/千克，产值 175 000 元；鲢、鳙秋片平均价格 10 元/千克，产值 21 000 元；南美白对虾价格 40 元/千克，产值 30 000 元；总产值 226 000 元（表 4-31），平均亩产值 11 300 元。平均每亩成本（主要包括饲料费、人工费、租池费、苗种费、水电费、肥料费、药物费、微生态制剂费、网具及渔机折旧费等）为 7 400 元，亩利润 3 900 元，投入与产出比 1∶1.52（段海清等，2018）。

表 4-31　池塘主养福瑞鲤套养南美白对虾产量

养殖品种	总产量（千克）	亩产（千克）	价格（元/千克）	总产值（元）
鲤鱼	12 500	625	14	175 000
鲢、鳙鱼	2 100	105	10	21 000
南美白对虾	750	37.5	40	30 000
合计		767.5		226 000

5. 经验和心得

池塘主养鱼、套养虾，必须要将池底处理好，这是重要的基础。虾苗对池塘底部要求很高，淤泥不能太厚，底质要清洁卫生，因此一定要清淤并彻底消毒，若无条件清淤，那也要抽干水后长时间暴冻或曝晒池底。

调节水质是关键，进入养殖中后期不仅要换水，而且还要定期使用益生菌调节水质，以期达到“肥、活、爽、嫩”。在主养鲤鱼、套养南美白对虾的情况下，虾的亩产量为 20～35 千克。

三、以松浦镜鲤为主、套养梭鲈养殖案例

1. 池塘条件

池塘位于新疆乌鲁木齐，池塘 2 个，面积均为 6 亩，池底平坦，保水性好，水深 2 米，水源为地下水，水质符合《渔业水质标准》，进排水独立。鱼苗放养前，池塘中有少量麦穗鱼等野杂鱼，

将其作为梭鲈的饵料来源，因此未进行清塘。

2. 鱼种放养

6 月 12 日，放养鱼种，具体放养情况见表 4-32。

表 4-32 放养鱼类及规格数量

品种	放养规格	放养密度（尾/亩）	苗种成本（元/亩）
松浦镜鲤	3 厘米/尾	3 000	90
梭鲈	12.5 厘米/尾	150	300
鲢鱼	176 克/尾	60	52.8
鳙鱼	124 克/尾	20	27.3
合计			470.1

3. 日常管理

养殖期间，根据鱼吃食情况以及天气、水质等灵活掌握投喂量。使用微孔增氧设备进行水体增氧，由于梭鲈对溶解氧需求比松浦镜鲤高，因此要做好巡塘观察工作，根据天气、水质等情况，测定水体溶解氧；如发现浮头，及时打开增氧机；遇高温天气，中午和凌晨均打开增氧机；在水质调控过程中配合使用 EM 菌等水质调节剂，保持池水“肥、活、嫩、爽”。

4. 产量及效益

10 月 11 日，干塘测产，松浦镜鲤收获规格 347.4 克/尾，亩产量 361.75 千克；梭鲈收获规格 424 克/尾，亩产量 59.57 千克；鲢鱼收获规格 947.6 克/尾，亩产量 56.29 千克；鳙鱼收获规格 901.7 克/尾，亩产量 16.6 千克（表 4-33）。

养殖过程中，饲料费 48 821.7 元，苗种费 5 641.2 元，水电、人工等其他费用 18 996 元，总成本 73 458.9 元。所生产鱼类总产值为 108 904.2 元，其中松浦镜鲤占 45.84%，梭鲈占 49.23%，鲢、鳙鱼占 4.93%。总利润 35 445.3 元，亩利润 2 953.8 元（表 4-34）（胡建勇等，2015）。

表 4-33　松浦镜鲤为主、套养梭鲈养殖产量

养殖品种	收获规格（克/尾）	亩产（千克）	价格（元/千克）	亩产值（元）
松浦镜鲤	347.4	361.75	11.5	4 160.1
梭鲈	424	59.57	75	4 467.8
鲢鱼	947.6	56.29	5	281.45
鳙鱼	901.7	16.6	10	166
合计		494.21		9 075.35

表 4-34　松浦镜鲤为主、套养梭鲈养殖效益

总产值（元）	成本（元）			总成本（元）	亩利润（元）
	苗种费（元）	饲料费（元）	其他费用（元）		
108 904.2	5 641.2	48 821.7	18 996	73 458.9	2 953.8

5. 经验和心得

近年来，该地区鲤鱼养殖效益增加主要依靠套养鲢、鳙鱼获得，现有的松浦镜鲤养殖模式亩均效益在 800～1 500 元，但本案例效益达到了 2 953.8 元，值得推广。

该地区传统的梭鲈养殖模式为单养，亩产 200～300 千克，养殖过程中需要培育或购买饵料鱼，使得饵料鱼供应不稳定，一旦缺乏饵料鱼，会发生梭鲈相互残杀行为，导致成活率降低，这也是限制梭鲈养殖规模扩大的因素之一。本案例解决了梭鲈饵料鱼来源的问题，充分利用了养殖水体，可大规模地饲养。

该地区池塘中麦穗鱼等野杂鱼较多，传统的做法是在清塘过程中清除，本案例通过套养肉食性鱼类使得野杂鱼资源得到了有效利用，增加了养殖效益。

四、以鲤鱼为主、多品种生态套养案例

1. 池塘条件

池塘位于内蒙古土默特左旗，要求水质良好，池塘面积 10～

20 亩，池深 2～3 米，池塘水深 1.5～2.0 米。以沙壤土为宜，保水性能好，池底平坦，淤泥厚度不超过 30 厘米，每 5～10 亩水面配备 1 台 3 千瓦的叶轮式增氧机；鱼种放养前 10～15 天进行清塘消毒。清塘药物以生石灰为宜，每亩施用 75～125 千克。待清塘药物毒性消失后，注入新水使池塘水位达到 0.8～1.0 米，并每亩施有机粪肥 100～150 千克，以培肥水质。

2. 鱼种放养

（1）套养鲫鱼、鳊鱼、黄颡鱼模式　该模式亩产量可达到 880 千克以上，主养商品鲤鱼出池规格 750～1 000 克。具体放养模式为：亩放尾重 100～150 克的优质鲤鱼种种 600～800 尾、100 克的鳊鱼种 100～150 尾、50～75 克的优质鲫鱼种 100～200 尾、10～25 克的黄颡鱼种 100～200 尾、100～150 克的鲢鱼种 120～150 尾、100～150 克的鳙鱼种 50～80 尾（表 4-35）。鲤鱼选择黄河鲤或建鲤。鲫鱼选择彭泽鲫、异育银鲫、黄金鲫、湘云鲫。一般在主养鲤鱼放入 7 天后再放养套养鱼类。苗种放养时用 5%的食盐水或 10 克/升的高锰酸钾溶液浸泡 10～15 分钟消毒。适当增大放养规格，提高养成规格（规格大的单价高）或采用一次放足，轮捕出售，均可增加销售收入。

（2）套养兰州鲇模式　该模式亩产量可达到 850 千克，商品鲤鱼出池规格 800～1 000 克（平均 900 克）。具体放养模式为：亩放鲤鱼种 800 尾，规格 100 克/尾，品种为德黄杂交鲤（德国镜鲤×黄河鲤）；鲢、鳙鱼（比例 1∶3）140 尾/亩，规格 250 克/尾；兰州鲇 10 尾/亩，规格 200 克/尾（表 4-36）。苗种放养时用 5%的食盐水或 10 毫克/升的高锰酸钾溶液浸泡 10～15 分钟消毒。

表 4-35　以鲤鱼为主、套养鲫鱼养殖产量

指标	鲤鱼	鲫鱼	鳊鱼	黄颡鱼	鲢鱼	鳙鱼
放养数量（尾/亩）	600～800	100～200	100～150	100～200	120～150	50～80
放养规格（克/尾）	100～150	50～75	100	10～25	100～150	100～150
养成规格（克/尾）	750～1 000	200～300	500～600	75～100	1 000	1 000

（续）

指标	鲤鱼	鲫鱼	鳊鱼	黄颡鱼	鲢鱼	鳙鱼
成活率（%）	90	95	85	75	85	90
收获产量（千克/亩）	625	30	60	12	100	60

表 4-36　以鲤鱼为主、套养兰州鲇养殖产量

指标	鲤鱼	兰州鲇	鲢鱼	鳙鱼
放养数量（尾/亩）	800	10	105	35
放养规格（克/尾）	100	200	250	250
养成规格（克/尾）	900	1 000	1 200	1 500
成活率（%）	95	100	90	90
收获产量（千克/亩）	680	10	113	47

3. 饲料投喂

采用驯化投喂法投饲，在池塘边搭设投饵台，固定自动投饵机，按“四定”原则投喂。鱼种入池 2～3 天后即开始驯化投喂。6 月中旬以前（水温 22℃以下）每天喂 3 次，投饵率掌握在 2.2%～3.5%；6 月中旬以后（水温 23℃以上）每天投喂 4 次，投饵率掌握在 2.5%～3.2%。每次投 40～60 分钟，以鱼吃七八成饱为宜。9 月中旬以后，投喂量逐渐减少，日投饵率由 2.2%逐渐降至最后停食。采用硬颗粒饲料，粗蛋白质含量早期达到 35%，后期为 30%。套养鲫鱼、鳊鱼、黄颡鱼模式的饲料粒径要兼顾口径不同的鱼类，饲喂同一饲料配方的饲料，分别选用大小两种粒径的饲料（按大小粒径比＝8∶2）投喂，后期鲤鱼选用 4.5 毫米粒径的饲料，其他吃食性鱼类选用 2.5 毫米粒径的饲料。

水质调节：早期鱼种入池后，由于水温较低，应保持 0.8～1.0 米的较低水位，以利于水温的快速提升。进入 5 月下旬随温度的提升，逐渐加深池水，7～10 天加 1 次水，每次加水 10～20 厘米，到 6 月下旬水深达到 1.5～2.0 米。每隔 20 天左右全池泼洒 1

次光合细菌和芽孢杆菌等复合微生态制剂，以利于水质的生物净化作用。6 月中下旬安装增氧机，遵循增氧机“三开两不开”原则，严格坚持晴天中午开机 1～2 小时。在正常养殖期一般每隔 15～20 天泼洒 1 次生石灰水，每亩水面用量 15～25 千克。但应注意碱性池塘在夏季高温期不宜用生石灰调节水质。

4. 产量及效益

套养鲫鱼、鳊鱼、黄颡鱼模式：每亩平均增加鲫鱼 30 千克、鳊鱼 60 千克、黄颡鱼 12 千克，可增加产值 2 040 元（表 4-37）。鲫鱼、鳊鱼在生长过程中要摄食饵料，黄颡鱼由于个体小，基本以池塘中的残饵和天然饵料为食。该模式亩总收入 13 640 元，扣除亩鱼种费1 836元、饲料费 5 800 元、肥料费 100 元、渔药费 200 元、水电费 400 元、其他费用 3 000 元，亩纯收入 2 304 元。

套养兰州鲇模式：在主养鲤鱼的池塘中搭配混养兰州鲇，由于搭养的兰州鲇主要以池塘中的野杂鱼为饵料，饲料成本可以忽略不计。每亩平均增加兰州鲇鱼产量 10 千克，可增加收入 600 元（表 4-38）。该模式亩总收入 13 080 元，扣除亩鱼种费 1 635 元、饲料费 5 300 元、肥料费 120 元、渔药费 200 元、水电费 400 元、其他费用 3 000 元，亩纯收入达 2 425 元，投入产出比为 1∶1.23（高杰等，2011）。

表 4-37 套养鲫鱼、鳊鱼、黄颡鱼模式产值

指标	鲤鱼	鲫鱼	鳊鱼	黄颡鱼	鲢、鳙鱼
产量（千克/亩）	625	30	60	12	160
销售价（元/千克）	16	16	20	30	10
产值（元/亩）	10 000	480	1 200	360	1 600

表 4-38 套养兰州鲇鱼模式产值

指标	鲤鱼	兰州鲇	鲢、鳙鱼
产量（千克/亩）	680	10	160

（续）

指标	鲤鱼	兰州鲇	鲢、鳙鱼
销售价（元/千克）	16	60	10
产值（元/亩）	10 880	600	1 600

5. 经验和心得

该模式的改进点为改单一吃食性品种鲤鱼养殖为多品种名优吃食性鱼类养殖，除鲤鱼外，分别套养了鳊鱼、黄金鲫、彭泽鲫、黄颡鱼和兰州鲇等名优品种。由于增加了养殖品种，充分利用了池塘养殖水体和饵料生物及饲料碎屑，提高了抗风险能力，养殖效益平均提高 15%～20%。

以鲤鱼为主、多品种套养增效模式是在近几年调研、指导、试验、实践的基础上总结的一套比较先进的养殖增效模式，是本区域内示范养殖户普遍接受和采用的一种养殖增效模式。该养殖增效模式能够充分地利用池塘水体资源，把资源优势转变为经济优势，提高养殖效益，增加养殖户养殖收入；提高市场竞争力，保障大宗淡水鱼类养殖健康发展。

五、中华鳖池塘套养黄河鲤养殖案例

1. 池塘条件

池塘位于安徽宿州市，池塘面积为 6 亩，池塘为东西走向，池塘坡比 1∶3，建有防逃设施，池塘深度 2.4 米，平均水深 1.8 米，底泥厚 6 厘米，水质符合《渔业水质标准》，池塘进、排水系统完备，供电设施齐全，池塘配有 3 千瓦叶轮式增氧机 1 台。苗种下塘前对池塘进行清整，加固加深池塘埂，清除塘内杂物，并于苗种放养前 15 天用生石灰干法消毒，每亩用块状生石灰 140 千克化浆后全池均匀泼洒进行清塘消毒，清塘 7 天后注水，注水口用 50 目筛绢布过滤，防止敌害生物、野杂鱼（卵）进池，注入新水 0.8 米深，放养前进行试水。

2. 中华鳖放养

6月2日放养平均规格为500克的中华鳖共4 000只，放养前用5%食盐水消毒10分钟。

3. 鱼种放养

6月13日放养鳙鱼种，平均规格250克/尾，放养量180尾；放养鲢鱼种，平均规格100克/尾，放养量600尾。6月23日放养规格3～5克/尾的黄河鲤夏花9 136尾。

4. 饲养管理

黄河鲤夏花下塘后第3天开始驯化，每次驯化点固定，驯化前敲击饲料桶5分钟，再边敲击边撒料，每天投喂2次，分别为9:00、15:00，每次驯化30分钟，驯化6天后黄河鲤集中上浮摄食，即进行正常投喂。黄河鲤6—8月每天投饵3次，投饵率为3%～5%；9月每天投饵2次，投饵率为2%～3%；10月及以后水温10～14℃时每2天投喂1次，投饵率为1%～2%；池塘水温10℃以下时每3～4天投喂1次，投喂率为0.5%。饲料蛋白质含量为28%，每周调整1次投喂量，并根据天气、水温、水质变动及鱼活动情况灵活调整投饵量和投饵次数。

中华鳖饲料投喂：粉料拌料每10千克加水2～2.5千克，搅拌均匀后用颗粒加工机加工成软颗粒投喂，在饵料台上距离水面5厘米处投喂，以鳖1小时内吃完为宜。饲料要求现做现喂，绝不喂隔餐料。鳖料投喂时间：每天早晚各投喂1次，6:00—7:00投喂1次，17:00—18:00投喂1次，每次投料按照鳖体质量的5%～8%进行投喂。

池塘水位调控：6月水位由0.8米逐渐加至1.2米，7—9月水位控制在1.7～1.8米，10—12月水位保持在1.8米。

水质调控是提高苗种成活率、减少病虫害发生及促进养殖对象生长的重要环节。黄河鲤夏花放养后第4天全池泼洒1次肥水膏，尽快提高池水肥度，水色变浓时适量加注新水，每次注水20分钟，第10天时进行1次换水并逐渐提高水位。定期泼洒水质改良剂，如光合细菌、EM菌等，每隔20天使用1次底质改良剂。到芒种时，适时开增氧机进行增氧，晴天每天中午开机1～2小时，阴雨天气随时开机，连续阴雨天气夜间保持开机一定时间，保持池塘水质“肥、活、嫩、爽”，防止泛塘。

5. 产量及效益

12月15日到12月19日拉网清塘，收获黄河鲤冬片鱼种780千克、平均规格112.2克/尾，中华鳖4 028千克、平均规格1 076.1克/只，鲢鱼202.5千克、平均规格1 157.1克/尾，鳙鱼105千克、平均规格1 810.3克/尾（表4-39）。

黄河鲤鱼种产值9 360.8元，中华鳖商品鳖产值197 411元，鲢商品鱼产值827.5元，鳙商品鱼产值1 188元；鱼种、鳖种、饲料、人员工资、水电费、水质改良剂等合计支出165 516.4元，总利润43 270.9元，平均亩利润7 211.8元，投入产出比为1∶1.26（季索菲等，2018）。

表4-39 中华鳖池塘套养黄河鲤养殖产量

养殖品种	放养规格（克/尾）	数量（尾）	收获规格（克/尾）	产量（千克）	总产值（元）
中华鳖	500	4 000	1 076.1	4 028	197 411
黄河鲤	3～5	9 136	112.2	780	9 360.8
鳙鱼	250	180	1 810.3	105	1 188
鲢鱼	100	600	1 157.1	202.5	827.5
合计					208 787.3

6. 经验和心得

（1）提高鱼苗暂养成活率的途径　此次黄河鲤夏花暂养试验采用筛绢布网箱，在黄河鲤夏花入网箱前7天将网箱放入挂网池塘中，使网箱箱体内外附着藻类，形成一层生物膜，当黄河鲤夏花入网箱暂养时可有效避免机械擦伤，减少损伤死亡，提高成活率。同时，合理使用增氧设施，在黄河鲤夏花入网箱前3小时开始增氧，保证黄河鲤夏花入网箱后水体溶解氧丰富，这也是提高黄河鲤夏花暂养成活率的关键途径之一。

（2）选择适宜的滤食性鱼类套养规格　中华鳖养殖池塘因投喂蛋白质含量高的鳖料，水质易肥，通过套养滤食性鲢、鳙鱼摄食水体中浮游生物，控制池塘水体肥度，既保持中华鳖养殖池塘水质清新，又可促进池塘中水生经济动物生长，此次试验套用鳙鱼平均规格为 250 克/尾、鲢鱼平均规格为 100 克/尾，养殖期间水体总体较肥，水体透明度低，致使在 7—9 月换水次数增加，笔者认为在中华鳖养殖池塘套养滤食性鳙鱼规格在 500～750 克/尾、鲢鱼规格在 250～500 克/尾较为适宜。

（3）套养鱼类到达互利共生　在养殖中华鳖池塘中套养不同食性鱼类，中华鳖摄食的残饲可被黄河鲤摄食，中华鳖摄食病鱼，可减少或阻断病原体传播，黄河鲤及中华鳖排泄物可培育水体浮游生物，为滤食性鲢、鳙鱼提供生物饵料，从而达到互利共生。同时，鳖具有喜钻泥打洞的生物学习性，可使池塘底部淤泥经常被搅拌，有利于底泥中有害物质的释放和挥发，从而有效降低水中的有机物含量，稳定水质。鱼鳖混养充分利用池塘水体，有效促进鱼鳖生长，并提高池塘养殖水产品的产量及效益。

参 考 文 献

白富瑾，张朝阳，李斌，2019. 宁夏流水槽循环水养鱼的模式创建与技术提升 [J]. 中国水产，8：25-28.

陈荣坤，高远，崔伟，2019. 黄河故道区黄河鲤池塘健康养殖试验 [J]. 现代农业科技，15：214.

程婷，林衍峰，2018. 荷包红鲤与徽州山泉流水养鱼历史探究 [J]. 渔业信息与战略，2：113-119.

邓志武，樊海平，2018. 莲田福瑞鲤和异育银鲫“中科 3 号”养殖试验 [J]. 科学养鱼，4：79-80.

段海清，冯伟业，丁守河，等，2018. 池塘主养福瑞鲤鱼种套养南美白对虾试验 [J]. 水产养殖，9：70-71.

傅纯洁，张文，赵士力，等，2018. 南美白对虾和鲤鱼混养模式介绍 [J]. 科学养鱼，9：35.

高杰，高海水，王志，等，2011. 内蒙古中西部地区以鲤鱼为主多品种套养增效模式研究 [J]. 内蒙古农业科技，3：81-82.

巩伦江，张占魁，郭凯，等，2017. 高寒地区福瑞鲤当年养殖商品鱼试验 [J]. 科学养鱼，2：81-82.

何绪刚，2019. 池塘“零排放”绿色高效圈养新模式 [J]. 渔业致富指南，14：27-28.

胡建勇，李林，高攀，等，2015. 松浦镜鲤套养梭鲈新模式试验 [J]. 科学养鱼，10：84.

季索菲，侯冠军，高远，等，2018. 中华鳖池塘套养黄河鲤试验 [J]. 水产养殖，9：27-28.

金万昆，高永平，2013. 超级鲤的生物学特性和养殖技术 [J]. 天津水产，2：39-44.

魁海刚，孔高云，陈克兰，2013. 西北地区福瑞鲤池塘养殖试验 [J]. 科学养鱼，8：18-19.

李建光，刘化铸，胡世然，等，2012. 贵州山区福瑞鲤池塘养殖试验 [J].

科学养鱼，5：82-83.
李金林，何立荣，许迟，2016. 生物浮床技术在宁夏福瑞鲤养殖领域的应用 [J]. 科学养鱼，5：50-51.
李梅，陈刚，2016. 梯田养殖福瑞鲤试验 [J]. 科学养鱼，7：82-83.
李赟，刘小明，王西耀，等，2012. 高寒地区养殖超级鲤试验 [J]. 科学养鱼，12：25.
刘波，2019. 集装箱循环水养殖技术 [J]. 黑龙江水产，2：33-35.
刘琦，2017. 黄河滩涂运用底排污技术进行黄河鲤健康养殖的研究 [J]. 山西水利科技，1：94-96.
刘兴国，刘兆普，徐皓，等，2010. 生态工程化循环水池塘养殖系统 [J]. 农业工程学报，26（11）：237-244.
刘英喜，张德蜀，王东志，1997. 荷包红鲤史考 [J]. 农业考古，1：176-178.
楼允东，2001. 鱼类育种学 [M]. 北京：中国农业出版社.
陆健健，何文珊，童春富，等，2006. 湿地生态学 [M]. 北京：高等教育出版社.
罗亮，徐奇友，赵志刚，等，2013. 基于生物絮团技术的碳源添加对池塘养殖水质的影响 [J]. 渔业现代化，40（3）：19-23.
吕军，祝少华，赵建军，等，2007. 低洼盐碱地池塘应用 80：20 模式养殖黄河鲤鱼试验 [J]. 中国水产，10：37-39.
马秀玲，2017. 宁夏地区福瑞鲤苗种扩繁及高效养殖技术试验 [J]. 渔业致富指南，1：57-59.
宁波，刘顺，何琳，2017. 中国古代鱼文化的隐喻意象与历史演化 [J]. 中国渔业经济，35（4）：93-99.
全国水产技术推广总站，2011. 2010 水产新品种推广指南 [M]. 北京：中国农业出版社.
全国水产技术推广总站，2015. 2015 水产新品种推广指南 [M]. 北京：中国农业出版社.
全国水产技术推广总站，2018. 2018 水产新品种推广指南 [M]. 北京：中国农业出版社.
全国水产技术推广总站，2019. 中国稻渔综合种养产业发展报告（2018）[J]. 中国水产，1：20-27.
饶晓军，2016. 稻田养殖福瑞鲤生态综合示范试验 [J]. 科学养鱼，1：

83-84.

石连玉，李池陶，葛彦龙，等，2016. 黑龙江水产研究所鲤育种概要 [J]. 水产学杂志，29（3）：1-8.

宋红桥，管崇武，2018. 鱼菜共生综合生产系统的研究进展 [J]. 安徽农学通报，24（20）：63-65.

滕谦，徐天生，陈英波，2018. 俄罗斯鲤健康养殖技术研究 [J]. 科学养鱼，4：80-81.

王波，蒋明健，薛洋，等，2016. 鱼塘淤泥自动排污水质净化改良技术 [J]. 南方农业，10（19）：111-115.

王飞，李雪涛，雷晓英，2018. 苏仙区“稻＋鱼”生态综合种养技术及应用效益分析 [J]. 中国农技推广，10：33-35.

王焕，高文峰，侯同玉，等，2016. 鱼菜共生浮排种类及制作工艺 [J]. 现代农业科技，8：183-185.

王建波，2018. 现代水产种业引领水产养殖绿色发展 [J]. 中国水产，12：61-64.

王晓奕，王旭军，董在杰，2019. 宁夏地区循环水型健康养殖模式养殖效益研究 [J]. 科学养鱼，9：17-18.

魏文燕，唐洪，曹英伟，等，2016. 稻田主养瓯江彩鲤试验初报 [J]. 渔业致富指南，24：59-60.

吴秀霞，祖岫杰，2016. 福瑞鲤商品鱼最佳养殖模式研究 [J]. 现代农业科技，9：260-261.

武海鸿，殷新勇，2014. 西部内陆盐碱池塘主养福瑞鲤最佳养殖模式构建试验研究 [J]. 科学养鱼，12：81-82.

徐皓，刘兴国，2016. 水产养殖池塘工程化改造设计案例图集 [M]. 北京：中国农业出版社.

薛建民，林红军，李瑞达，等，2015. 大宗淡水鱼池塘套养南美白对虾增产增效分析 [J]. 河北渔业，3：14-16.

颜素珠，1983. 中国水生生物高等植物图说 [M]. 北京：科学出版社.

叶文柏，彭栋，2014. 主养鲤鱼套养南美白对虾生态养殖技术试验 [J]. 渔业致富指南，13：40-41.

张超峰，韩曦涛，2016. 郑州黄河鲤种质资源现状及保护对策 [J]. 河南水产，1：4-6.

张朝阳，郭兴忠，2018. 宁夏池塘底排污系统构建及管理技术 [J]. 中国水

产，2：92-94.

张振东，2018. 对水产养殖绿色发展的认识与思考［J］. 中国水产，6：31-34.

张振东，肖友红，范玉华，等，2019. 池塘工程化循环水养殖模式发展现状简析［J］. 中国水产，5：34-37.

赵德福，2011. 池养黄河鲤节能节水增效健康养殖试验［J］. 科学养鱼，10：18-19.

赵裕青，唐兴本，海军，2012. 池塘设隔离网混养南美白对虾与鲤鱼技术［J］. 科学养鱼，2：33.

赵原野，王洪臣，2014. 浅谈黑龙江野鲤生物学特性及选育技术［J］. 科学养鱼，10：9.

赵志刚，徐奇友，罗亮，等，2013. 添加碳源对松浦镜鲤养殖池塘鱼体生长及水质影响［J］. 东北农业大学学报，44（9）：105-112.

FAO，2013. Biotechnologies at work for smallholders：Case studies from developing countries in crops，livestock and fish［M］. Bangkok，Thailand：156-160.

FAO，2016. Sustainable intensification of aquaculture in the Asia-Pacific region. Documentation of successful practices［M］. Bangkok，Thailand：18-27.

Nakajima T，Hudson M J，Uchiyama J，et al，2019. Common carp aquaculture in Neolithic China dates back 8 000 years［J］. Nature Ecology & Evolution，3（9）：1415-1418.

附录 绿色生态健康养殖生产相关的优秀企业、优质产品

一、贺兰县新明水产养殖有限公司

贺兰县新明水产养殖有限责任公司成立于2004年，注册资金1 000万元，位于宁夏回族自治区银川市贺兰县洪广镇高渠三社，是依托中国水产科学研究院淡水渔业研究中心而成立的一家集水产名特优新品种繁育、新品种试验示范、水产技术服务、鲜鱼运销于一体的宁夏农业产业化龙头企业，主要从事淡水鱼类养殖、苗种繁育和渔业新技术试验、示范。公司现有养殖基地133公顷，水产养殖面积67公顷，养殖区科学规划，建设高标准高产养殖示范池塘33公顷，低碳高效循环流水养殖水槽5个，面积550米^2，建设完

贺兰县新明水产养殖有限公司

成生态循环水沟 2 000 米，水生植物、水生蔬菜种植净化池塘 2 公顷，人工潜流湿地 5 亩，主要开展养殖废水生物净化、处理、再利用，形成节水循环生态养殖系统，使养殖产品达到无公害水产品标准，为西北地区盐碱地循环生态养殖提供新模式。

贺兰县新明水产养殖有限公司目前储备各类亲鱼 10 000 余组，年生产商品鱼 100 万千克以上、生产各类苗种 2 亿尾以上，年销售额达到 2 000 余万元。依托中国水产科学研究院淡水渔业研究中心的良种技术，完成的“福瑞鲤扩繁及高效养殖”项目获全国农牧渔业丰收奖二等奖，2014 年园区苗繁基地被中国水产科学研究院淡水渔业研究中心授予“国家水产新品种福瑞鲤银川扩繁基地”，生产的优质福瑞鲤苗种不仅提高了宁夏优质良种覆盖率，同时还销往内蒙古、甘肃、青海、河北、辽宁等地，产生了较好的经济效益和良好的社会效益。公司根据当地实际养殖情况开拓创新，先后成立贺兰县新明水产品产销专业合作社、贺兰县淡水渔业科技园区、贺兰县兴民渔业技术协会，拥有会员 580 户，采用“公司＋协会＋农户＋基地”的方式，总养殖面积达 1 600 余公顷，带动周边养殖户 2 100户，增收 630 多万元，成为宁夏重要的苗种繁育基地。

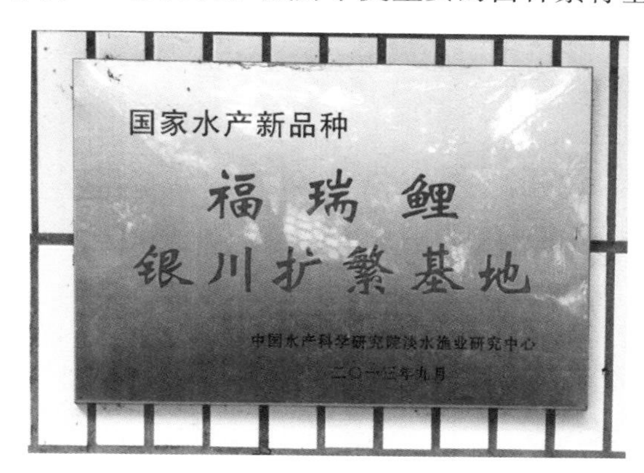

福瑞鲤银川扩繁基地

公司长期与中国科学院水生生物研究所、淡水渔业研究中心、上海渔业机械研究所、中国农业大学、上海海洋大学、宁夏大学、宁夏水产研究所等高校和科研机构建立合作关系，拥有自主科技研发机构（宁夏新明渔业技术创新中心），目前聘有水产专业技术人员 15 名，包括高级专业人员 5 名、中级专业人员 4 名，其中 1 名高级专业人员入选“银川市高精尖缺人才”。公司是宁夏为数不多的渔业科技研发与技术服务型企业之一，重点开展淡水渔业的科学研究、技术推广、培训、成果转化与应用，拥有多项成果和发明专利。公司养殖基地苗种设施化高密度繁育技术达全国先进水平；草鱼“三病”防治达全国先进水平；循环水健康生态养殖、稻渔种养技术和草食性鱼类两年养成商品鱼技术在西北地区处领先水平；渔

贺兰县新明水产养殖有限公司流水槽养殖

业标准化养殖技术在宁夏处领先水平；等等。

贺兰县新明水产养殖有限公司湿地处理池

二、云南中海渔业有限公司

云南中海渔业有限公司成立于2014年，注册资金1 000万元，位于我国最大高原淡水湖泊——昆明滇池湖畔，是依托中国水产科学研究院淡水渔业研究中心成立的高起点的渔业专业公司，主要从事淡水鱼类养殖、苗种繁育和渔业技术推广，开展淡水渔业的科学研究、技术推广、培训、成果转化与应用，拥有多项国家级发明专利及知识产权。公司建立了良种扩繁和养殖生产基地，其中红河分公司获得云南省农业产业化州级重点龙头企业称号。云南中海渔业有限公司致力于构建淡水渔业发展全产业链体系，打造云南高原淡水鱼的选种—繁殖—养殖—精深加工—产品销售全产业链，并通过“公司＋基地＋农户＋技术支持＋产品销售＋确保农民利益”产业化经营模式，带动农民增收致富。云南中海渔业有限公司借助于唐启升院士工作站和中国水产科学研究院淡水渔业研究中心博士后科研工作站，开展了多项淡水渔业科研项目，有效地保护了云南高原濒临灭绝的地方鱼类品种，解决了水体富营养化问题，对污染水域有较好的治理和修复作用。

云南中海渔业有限公司

云南中海渔业有限公司博士后工作站

近年来，云南中海渔业有限公司在云南省农业农村厅、农业农村部渔业渔政管理局、中国水产科学研究院、全国水产技术推广总站等单位的支持下，深入开展政产学研合作，坚持生态优先、绿色发展，实施“稻渔共作”产业扶贫，有力助推了区域脱贫攻坚和哈尼梯田可持续保护。当地开发梯田、稻田、荷塘等水系，形成“稻渔共生”的综合养殖模式，在“不与人争粮、不与粮争地”的基础上达到了“一水多用、一田多收、粮渔多赢、强农富民”的最佳效果；达到保护与发展的良性互动，为市场提供优质蛋白源，让人们食用到更生态、更绿色、更放心的淡水鱼，实现经济发展与资源环境保护相协调。

云南中海渔业有限公司依托中国水产科学研究院淡水渔业研究中心的良种技术，在云南红河、河口等地建立了福瑞鲤、福瑞鲤 2 号和吉富罗非鱼“中威 1 号”等国家水产良种的扩繁基地，就地生产优质苗种，开展大规格鱼种配套梯田稻渔种养与冬闲田养殖，发展稻渔综合种养产业。其中，2017 年，云南中海渔业有限公司在红河推广稻渔共作 2 066 公顷，覆盖贫困户 1 598 户、贫困人口 7 200余人，并推动稻鳅养殖从低海拔向高海拔延伸。云南中海渔业有限公司开发的梯田谷花鱼是以“梯田为家、落英为食、肉嫩鲜美、软鳞软刺”为特点的绿色、生态、健康水产新产品，市场售价达 95 元/千克，创造了鱼稻共作亩产收入万元的良好成绩，得到了当地合作社农户和县委、县政府的一致认可。

梯田谷花鱼产品

联合国粮食及农业组织于 2017 年授予红河中海渔业有限公司哈尼梯田稻渔综合种养技术示范基地，这是联合国粮食及农业组织授予中国的第一块“稻渔综合种养”品牌。同时，公司稻渔综合种养哈尼梯田上榜国家级稻渔综合种养示范区（107 公顷），并入选国家大宗淡水鱼产业技术体系核心示范点。

稻渔综合种养在有效保护哈尼梯田生态系统的基础上，也为非物质文化遗产保护和开发积累了经验，带动了农业生产、农耕文化遗产保护与观光旅游共同发展，对于扶持各族群众脱贫致富更是立竿见影，真正实现了“既要绿水青山，又要金山银山”的梦想。

三、沈阳华泰渔业有限公司

沈阳华泰渔业有限公司成立于 2007 年 8 月，位于沈阳新民市前当堡镇淡水鱼产业经济区，占地面积 40 公顷，是农业部健康养殖示范场、省级渔业科技型企业，集淡水良种苗种繁育与培育、成鱼养殖于一体，是辽宁省海洋与渔业厅认定的省级水产良种场、省级现代农业示范基地和沈阳市农业产业化重点龙头企业。公司有工厂化鱼苗繁育车间 3 000 米^2、渔业科研中心 650 米^2，有科技人员 15 人。公司从事淡水鱼类繁育及养殖，年均生产鱼苗 8 亿尾，有黄颡鱼、鲤鱼、鲫鱼、草鱼、鲢鱼及鳙鱼等 10 余个品种，产品销

沈阳华泰渔业有限公司全景

往东北三省及河北等省份，“增健达”牌黄颡鱼和镜鲤入选全国（辽宁沈阳）第十二届全国运动会指定用鱼，带动农户累计达到10 000余户，助农增收1亿余元。

公司于2018年成立沈阳华泰渔业有限公司科研中心，依托大连海洋大学和沈阳农业大学，组建10人科研团队，旨在研发新品种和健康养殖技术，为广大农户持续增收提供保障。公司实现了以水产智慧服务平台、水产养殖APP、便携式传感器以及视频监控系统为核心的水产智慧养殖一体化解决方案，旨在建立基于物联网技术的水产智慧养殖系统，采集一线数据并组织分析指导生产实践，形成水产养殖的质量控制和品牌管理的信息追溯体系，对水产养殖进行数据化、智慧化的全面改革。

沈阳华泰渔业有限公司科研中心

彩图 1　黄河鲤

彩图 2　黑龙江鲤

彩图 3　兴国红鲤

彩图 4　荷包红鲤

彩图 5　建鲤

彩图 6　荷包红鲤抗寒品系

彩图 7　松荷鲤

彩图 8　墨龙鲤

彩图 9　豫选黄河鲤

彩图 10　津新鲤

彩图 11　松浦镜鲤

彩图 12　福瑞鲤

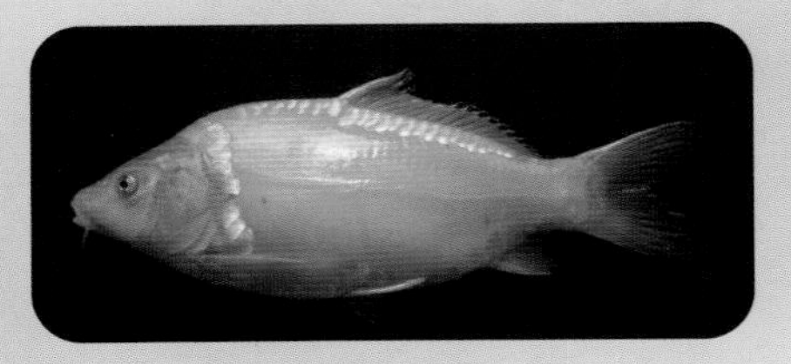

彩图 13　松浦红镜鲤

彩图 14　瓯江彩鲤“龙申 1 号”

彩图 15　易捕鲤

彩图 16　津新鲤 2 号

彩图 17　福瑞鲤 2 号

彩图 18　津新红镜鲤

彩图 19　鲤鱼溪

彩图 20　梯田稻鱼综合种养模式

彩图 21　池塘工程循环水养殖模式

彩图 22　鱼菜共生生态立体养殖模式

彩图 23　集装箱养殖模式

彩图 24　圈养箱

彩图 26　一种生态沟渠形式

彩图 25　圈养集排污系统

彩图 27　池塘中的生态浮岛

彩图 28　生态塘

彩图 29　金鱼藻

彩图 30　狐尾藻

彩图 31　水草放在框架内

彩图 32　鱼巢放在网箱内

彩图 33　鱼巢布置于池塘中间

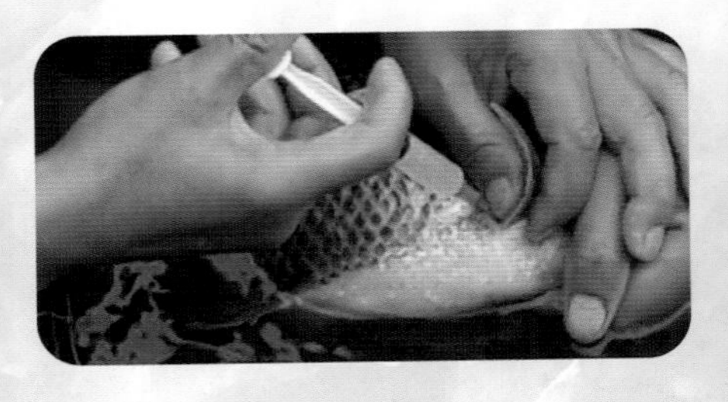
彩图 34　催产注射方法

彩图 35　6 片尼龙网框架鱼巢组合布置的着卵方式

彩图 36　着卵后尼龙网框架鱼巢两两相扣，立放在孵化池水中孵化

彩图 37　网箱自然孵化

彩图 38　鱼苗孵化设备

彩图 39　PVC 管鱼菜共生双层网结构浮排安置方式

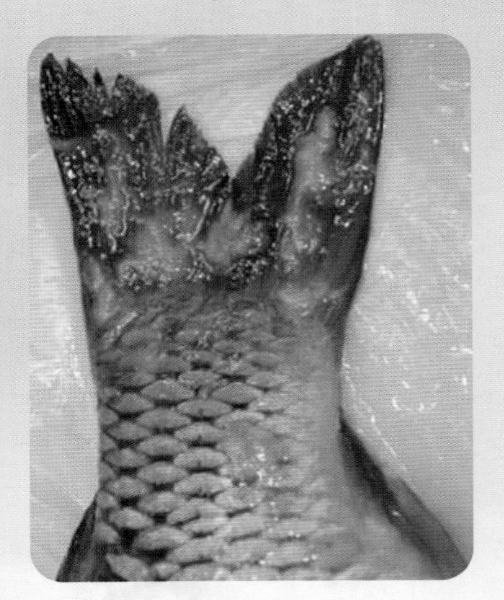

彩图 40　体表黏液增多

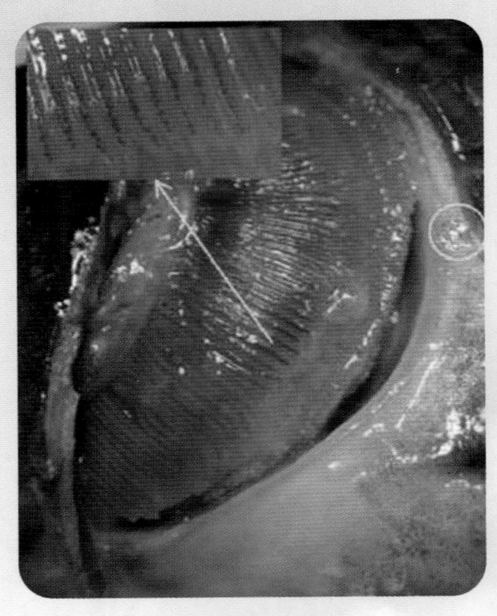

彩图 41　鳃黏液增多,鳃丝呈棒状、粘连、坏死

彩图 42　鳃局部坏死

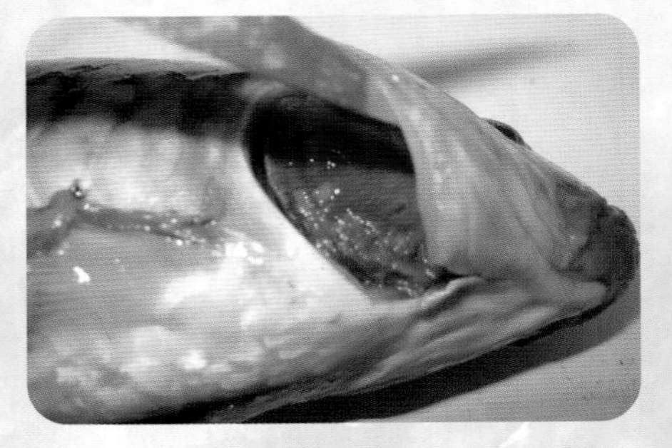

彩图 43　胸鳍、鳃、吻端水霉丛生

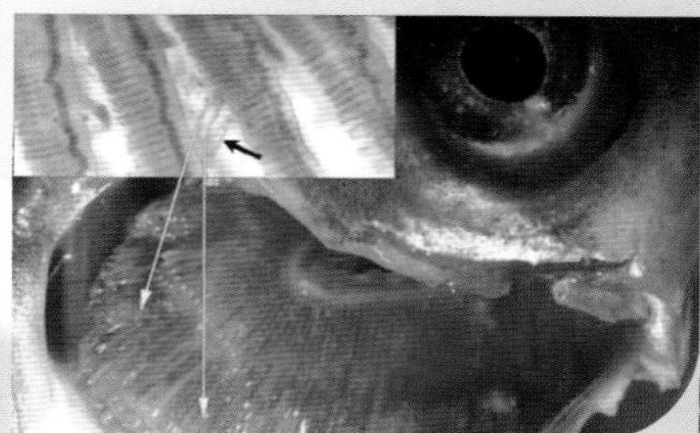

彩图 44　指环虫寄生及继发烂鳃病、水霉病

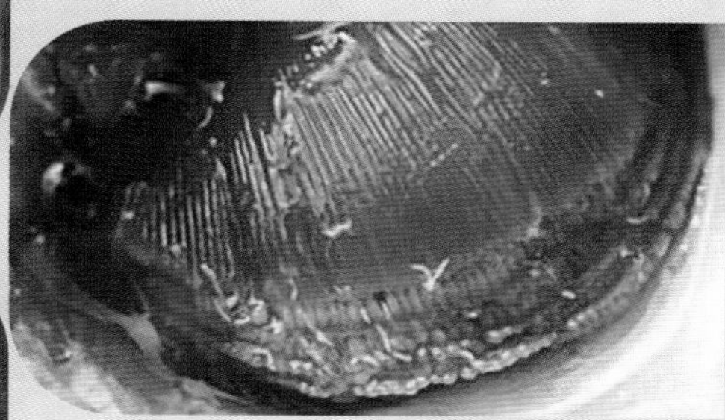

彩图 45　中华鳋病

彩图 46　锚头鳋病

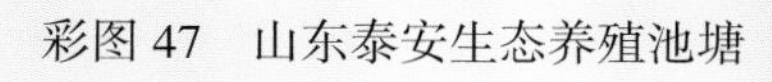

彩图 47　山东泰安生态养殖池塘

彩图 48　宁夏贺兰鲤生态养殖池塘

彩图 49　福建南平鲤养殖稻田

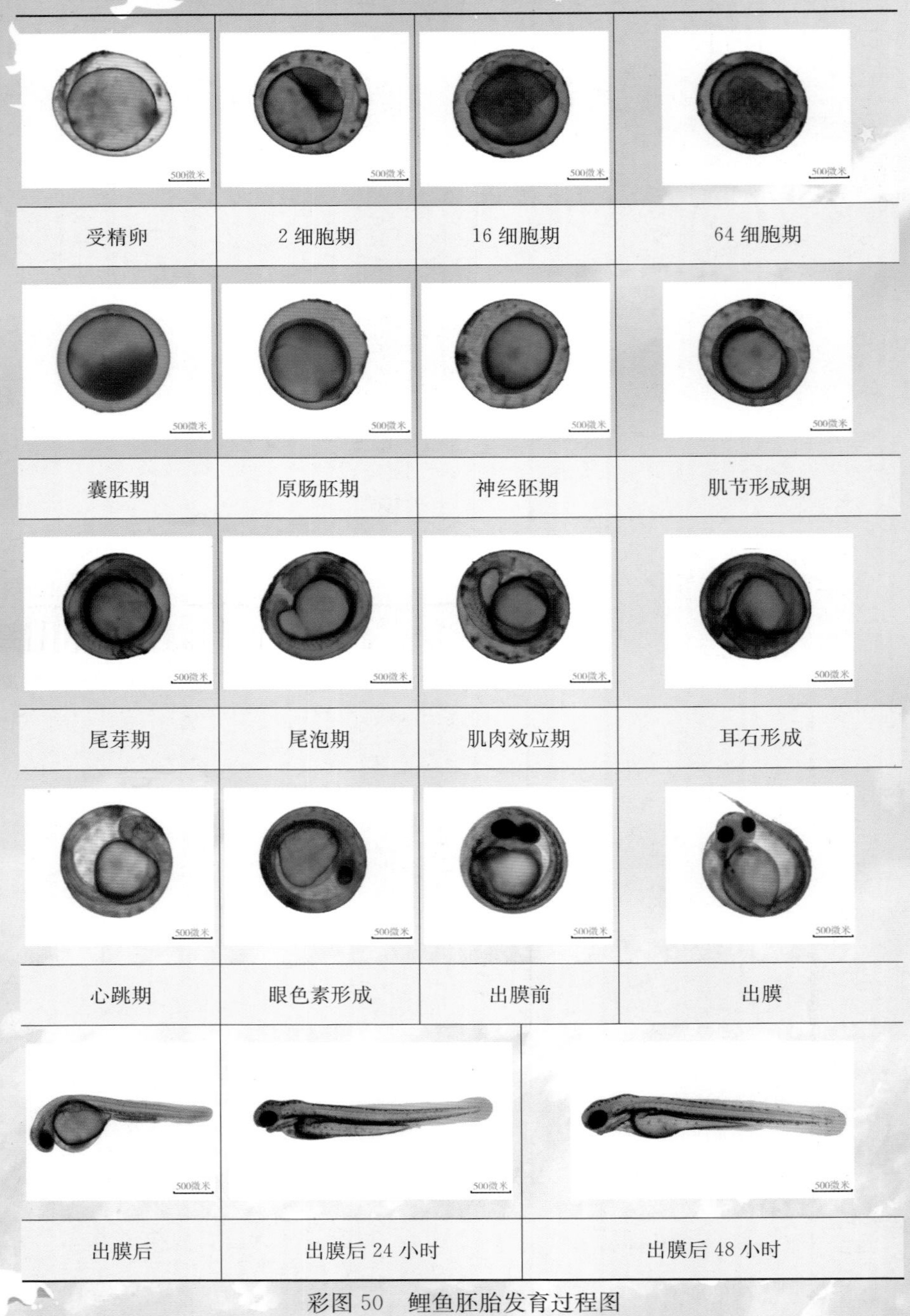

彩图 50　鲤鱼胚胎发育过程图